心态积极精神好
心力强大有担当

中共中央党校党建部创新工程
新时代干部心理能力建设书系
★
胡月星 主编

科学化解内心的焦虑

柳毅／著

SPM
南方出版传媒
广东人民出版社
·广州·

图书在版编目（CIP）数据

科学化解内心的焦虑／柳毅著. —广州：广东人民出版社，2021.5（2023.7重印）
（新时代干部心理能力建设书系／胡月星主编）
ISBN 978-7-218-14437-5

Ⅰ.①科…　Ⅱ.①柳…　Ⅲ.①领导人员—焦虑—心理调节 Ⅳ.①B842.6

中国版本图书馆CIP数据核字（2020）第153357号

KEXUE HUAJIE NEIXIN DE JIAOLÜ
科学化解内心的焦虑
柳　毅　著

出 版 人：肖风华

出版统筹：曾玉寒
责任编辑：伍茗欣
装帧设计：闰江文化
责任技编：吴彦斌　周星奎

出版发行：广东人民出版社
地　　址：广州市越秀区大沙头四马路10号（邮政编码510199）
电　　话：（020）85716809（总编室）
传　　真：（020）83289585
网　　址：http://www.gdpph.com
印　　刷：三河市华东印刷有限公司
开　　本：787mm×1092mm　1/16
印　　张：12　　**字　　数**：150千
版　　次：2021年5月第1版
印　　次：2023年7月第2次印刷
定　　价：36.00元

如发现印装质量问题，影响阅读，请与出版社（020-85716849）**联系调换。**
售书热线：020-85716833

《新时代干部心理能力建设书系》编委会

参与研究及支持单位

中共中央党校（国家行政学院）

中国浦东干部学院

中共国家税务总局党校（国家税务总局税务干部学院）

中共北京市委党校（北京行政学院）

中共丽江市委党校（丽江市行政学院）

中国健康管理协会

中国领导科学研究会

中国人才研究会

中国健康管理协会公职人员心理健康管理分会

残疾人事业发展研究会心理健康专业委员会

广州市干部健康管理中心

红色地标（北京）领导力研究院

西安思源学院新发展理念与领导力研究中心

总　序

建设高素质专业化干部队伍，不仅包括思想建设、作风建设、组织纪律建设，还应当包括心理能力建设。我们党的干部队伍，不仅要政治过硬，本领高强，还要心理健康。习近平总书记在党的十九大报告中强调，“打铁必须自身硬”，这个“自身硬”既包括信念坚定、思想领先、作风顽强，还包括心理能力素质过硬。2018 年 5 月，中共中央办公厅印发《关于进一步激励广大干部新时代新担当新作为的意见》，其中明确要求，要“满怀热情关心关爱干部。坚持严格管理和关心信任相统一，政治上激励、工作上支持、待遇上保障、心理上关怀”，同时明确要“关注干部心理健康”。在同年召开的全国组织工作会议上，习近平总书记进一步强调，要“真情关爱干部，关注干部身心健康”。此后，中共中央组织部又专门下发《关于认真做好关心关怀干部心理健康有关工作的通知》，对做好干部心理健康有关工作提出了明确、具体的要求。这一系列举措的出台，既体现了中央对干部心理健康工作的重视，也折射了加强干部心理健康工作的重要性与紧迫性。

心理能力本质上就是一种心理能量，是一种面对现实、追求目标、克服困难、完善自我、积极向上的内在力量。积极心理学研究认为，乐观向上的精神状态、主动积极的工作态度、认真负责的专业精神、知难而上的信心勇气、矢志不移的奋斗追求等是组织与个人取得成就或成功的根本所在。把心理能力建设纳入到加强党的干部队伍自身建设中，对于增强党的凝聚力与战斗力，激发各级领导干部心理活力，营造风清气正良好政治生态环境，都是至关重要的。

鉴于此，《新时代干部心理能力建设书系》从新时代建设高素质专业化干部队伍的客观需要出发，从构建社会心理服务体系能力建设的目标要求入手，围绕如何提升领导干部心理能力这个主题，从领导干部心理健康及其维护的各个层面进行了有益探索。其目的在于进一步增进领导干部心理能力发展水平，培育健康积极的心态，为提升领导干部的领导力提供动力支持。《新时代干部心理能力建设书系》着眼于当下领导干部心理健康发展的实际需要，从心理学、领导科学、社会学乃至医疗健康等学科视角对心理健康问题进行了全面深入的解析。这套丛书特色鲜明，亮点突出，针对性强，实用度高，是对干部心理健康进行深入细致研究的系统性创新理论成果，为大家深入认识心理健康、开展自我心理调节、提高心理灵活性、增强积极心理能力等方面提供科学有效的帮助指导。本丛书的突出特点体现在以下几个方面：

一是贴近实际。丛书以各级干部为研究对象和服务对象，聚焦当下领导干部的心理问题，提出了具有针对性的对策建议。透过《把握心理健康的金钥匙》《增强积极心理能量》以及《变革时代的心理适应与发展》的深入阐述与精辟分析，为各级领导干部如何认识心理健康，如何积极响应时代召唤增强积极心理能量提供了许多富有价值的对策建议。

二是科学解读。心理问题既是一种表象，更有着深刻的内在原因。对于心理问题及其存在障碍的解读需要从心理发展轨迹入手，需要从领导干部承担的角色压力及其心理需要进行深入探讨。从书中的《会减压才能从容领导》《构建和谐愉快的人际关系》《健康心态需要自我认知》都是从干部的现实需要入手，从压力缓解、人际和谐和自我认知等大家感兴趣的话题展开。这些深层次的问题，是影响干部心理健康的重要因素。

三是内容丰富。丛书注重理论研究与实践应用相结合。把《领导人格完善与心力提升》《领导养心与养生》也纳入视野，将干部普遍关心的自我人格完善、心理资本、心力与志趣、提升心理生活适应能力等现实问题进行逐一阐述，形成丰富完备的内容体系。《走出抑郁　宽松心态》和《科学化解内心的焦虑》都以大量真实案例为依托，将干部心理问题写活、说透、讲明，为干部创造一个深度共鸣、贴近需求、实用好用的阅读能量场，让干部能够开卷有益。

四是注重应用。《新时代干部心理能力建设书系》从不同侧面对领导干部心理健康进行了深入具体的阐述，提出了许多富有价值的对策建议，有的书稿在内容中间或章节末尾还增设各种心理测评问卷，帮助干部开展自测自评。这套内容丰富详尽的书系，既可以满足干部心理能力建设培训学习的实际需要，也可以作为干部自我提升的案头工具书，满足干部阅读需求。

五是聚贤增慧。《新时代干部心理能力建设书系》聚焦时代需要，着眼未来发展，凝聚集体智慧。在书稿的撰写当中，全国人大常委、中共中央党校（国家行政学院）原校务委员（副院长）陈立教授，中国管理学界泰斗、复旦大学首席教授，东方管理学派创始人苏东水先生，中国健康管理协会会长郭渝成教授，中国领导科学研究会会长冯秋婷教授，心理测量咨询专家、北京师范大学心理学教授郑日昌先生等领导和学界前辈亲自担任书系顾问，对编写工作悉心指导，热情期待，支持鼓励，为编写工作增加了智慧力量。中央党校厅局级干部培训班的许多学员对编写内容及章节体系也提出了许多宝贵的意见建议，在书系付梓出版之际，谨代表编委会对各位领导前辈、专家学者和朋友们的关心帮助表示衷心感谢！

《新时代干部心理能力建设书系》是集体智慧的结晶。书系的诞生不仅为加强领导心理服务体系建设做出了有益的探索努力，更为开展领导干部心理健康教育提供了十分难得的阅读材料，本套书系既可以为各级党校（行政学院）党政干部教育培训、企业领导人才能力提升以及社会团体开展各类心理健康咨询活动提供培训参考教材，也可以为增进领导干部身心健康提供有价值意义的指导咨询与帮助。

是为序。

胡月星

2020 年 12 月 10 日

目　　录

第一章

领导干部焦虑心理的内涵解说

领导干部是国家行政工作的主力军，是一支服务人民群众、最接近民生的国家工作人员队伍。领导干部的精神状态、工作状态、身心健康状况直接影响其工作效率和工作效果，关系着国家行政工作在广大人民群众心中的形象。领导干部虽工作环境各异，但身上都肩负着维护一方稳定、发展一方繁荣的重任。已有相关研究表明：工作环境复杂、工作任务繁重、工资待遇偏低、人际关系敏感等问题导致了领导干部长期处于高度焦虑的状态，对领导干部而言，持续的焦虑状态不仅会影响身体健康，更重要的还会影响心理健康和工作状态，导致职业效能问题凸显。作为新时代的领导干部，需要重视自我心理健康管理。健康的心理是建设高素质领导干部队伍的必要条件，是社会正常运行、提高执政成效的保证。

一、科学认识领导干部焦虑心理

（一）说文解字看焦虑

焦虑一词，分开来看：焦，下面四个点表示火的意思，上面“隹”表示的是小鸟的意思，鸟在火上表示焦的意思。虑，下面是个心字，上面的“虍”代表的是老虎之类的猛兽，所以虑的意思是时时刻刻担心老虎等猛兽的到来。中国古人用“焦”和“虑”两个象形字形容一个人内心紧张不安、忧心忡忡的状态。

在英文中，有“worry”和“anxiety”两个单词分别与“焦”和“虑”这两个字相对应。“worry”在古希腊语中有

“撕扯、撕咬”的意思，后来扩展了词义，用来表达“敌对的”“危险的”意思，而“anxiety”在现代生活中直接表述为“焦虑、忧虑”的意思。生活中，人们经常会过度关心与自己或重要他人相关的重要事件，比如生命安全、前途命运等，并因此产生一种烦躁不安的情绪，其中含有着急、挂念、忧愁、紧张、恐慌、抓狂、不安、心慌意乱等成分，不断牵扯着自我。这种情绪与应急情境和难以应对的事情有关，通常事情过去了，情境解除了，情绪也就消散了。当然，有一部分人在无客观原因的情况下也会长期处于焦虑状态，出现缺乏明确指向性的紧张、担心为主的综合征，我们来看一个现实中的场景片段：

晚上 8 时 10 分，焦某看了看手机，喝了口水。8 时 15 分，焦某又看了一下手机，喝了点水，然后拿起一本书开始翻阅。8 时 25 分，她放下书，一点也想不起自己看过什么。她开始感到有些不安，她想知道女儿为什么还不回来。她打了女儿的手机，可是关机了。8 时 35 分，焦某开始收拾屋子，可她什么也干不下去，一些念头开始在她脑海里出现：一定是出了什么事，女儿还好吗？如果她出了什么事该怎么办？她现在是不是需要我？这时，焦某想起前不久在手机上看到一个妙龄女孩失踪的新闻，又有一些念头涌入她的脑海：天哪，女儿会不会出事？如果她被哪个疯子给绑架了可怎么办？就在这时，手机响了，焦某有点惊慌失措，心中念头又起：是不是女儿真的出事了？难道电话是警察打来的？焦某接起电话，原来电话是焦某的朋友打来的，想和焦某聊聊天。可是，焦某不想让手机占线，害怕接不到女儿的电话，于是她匆匆挂断电话，继续等待。直到 9 时 30 分，女儿打来电话说手机没电了，焦某才慢慢安定下来。

在快节奏的现代社会中，焦虑就像挥之不去的梦魇，如影随形。焦虑的人经常会为朝不保夕的工作而担忧，为家庭可能的分崩离析而操心，为自己的不安全感而忐忑，为潜伏的健康危机而惶恐，为子女的升学就业而忧心发愁，等等。焦虑好像无处不在，自己的生活竟然被这一重重的担忧弄得一筹莫展。其实，焦虑就是不停地想着让自己感到不安的事，不能控制一再出现的消极想法，会想象着多种不利的结果和多种可能的可怕灾难。所有普遍的问题都会变得不同寻常，所有美好的前景都将会慢慢消失，那么此时你就进入了焦虑的世界。

（二）心理学视角看焦虑

心理学上对焦虑的定义主要存在于认知评价以及情感评价两个方面。美国心理学家贝克（Beck）将焦虑定义为个体的一种先天的、指向生存的环境压力应对反应，是一种个体应对外界威胁的重要防御机制。《中国大百科全书》将焦虑定义为一种情绪反应，认为焦虑是由焦急、紧张以及恐惧等多种感受共同构成的一种复杂的情绪及情感反应。但是，这种焦虑情绪的产生往往与个体的认知评价相联系，即当个体感受到威胁刺激，但是自己却无法应付时才会产生焦虑。丹麦哲学家克尔凯戈尔（Kierkegaard）认为焦虑是人面临一种自由选择时所产生的心理体验。在自由选择的过程中常常会产生不确定性，进而引发相应的焦虑。奥地利心理学家弗洛伊德（Freud）从精神分析的角度出发，早期认为焦虑是力比多无法找到正常的发泄途径而产生的，后期则认为焦虑是冲突所引起的一种防御机制。美国心理学家雅各布森（Jacobsen）发展了弗洛伊德的理论，认为焦虑是个体指向内部所发出的信号，以指示危险的来临。美国心理学家霍尼（Horney）认为焦虑是个体所体验到的无助感和孤独感。

综合上述观点，从心理学视角，对于焦虑的概念可以从四个方面进行解读。一是焦虑是一种个体体验到的负性情绪反应。二是焦虑往往产生于个体对外界威胁刺激的感知。三是焦虑的产生是个体认知评价的结果，是个体基于自身应对威胁刺激能力不足而产生的情绪反应。四是焦虑往往会伴随着相应的行为和生理变化。

（三）医学视角看焦虑

从医学角度，更多的是关注正常的焦虑情绪之外的焦虑病症——焦虑症，也称为焦虑性神经症。这是最为常见的一种神经症，以焦虑情绪体验为主要特征。主要分为急性焦虑和慢性焦虑两大类。第一种是急性焦虑，也叫惊恐发作。在正常生活工作中，这类患者几乎和正常人群无异，但遇到特定触发情境的时候，会惊恐发作，出现极度恐惧心理，出现胸闷、心慌、呼吸困难、出汗、全身发抖等症状，主观体验到失控感，甚至是濒死感。第二类是慢性焦虑，也叫广泛性焦虑，主要表现为一种以缺乏明确指向性的提心吊胆、紧张、担心为主的综合征，并伴有显著的自主神经功能紊乱、肌肉紧张及运动性不安的症状。此病在普通人群中的患病率可高达6%以上。[①] 事实

① Demyttenaere K, Bruffaerts R, Posada－Villa J, et al. Prevalence, severity, and unmet need for treatment of mental disorders in the World Health Organization world mental health surveys. JAMA, 2004, 291 (21): 2581－2590.

上，这一类患者的焦虑程度与现实处境不符，其紧张、担心并非来自实际的威胁或困境，而主要是对将来可能发生的、难以预料的危险或处境感到紧张、担心，甚至恐慌。这类患者也能意识到这种紧张、担心是过度的，但仍不能控制，又因难以忍受这种焦虑而感到痛苦。目前焦虑症的治疗方式主要有药物治疗和心理治疗。药物主要包括选择性 5－羟色胺再摄取抑制剂及 5－羟色胺和去甲肾上腺素再摄取抑制剂等，均有较好的效果，但需要患者长期服用，容易出现耐受性和依赖性。因此，在焦虑症的治疗中心理治疗具有重要意义。认知行为疗法、表达性心理疗法、支持性心理疗法等是目前被推荐用于焦虑症的心理治疗方法。

（四）职业视角看焦虑

群雁高飞头雁领。任何一支在天空中飞翔的大雁队伍中，最重要的是领头雁。各级领导干部是各个地方、各个领域、各个单位、各级组织的领头雁，在工作中承担着贯彻政策、引领发展、维护稳定、服务群众的繁杂任务。在工作中，领导干部容易遇到认同难、晋升慢、待遇低等问题，很容易导致职业焦虑。

1. 认同焦虑

在长期以来的社会作用下，我国的官本位观念比较浓厚，社会大众仍然习惯以“部门大小”和“职位高低”来评价领导干部。在这种观念的影响下，“谋求到一官半职”不仅仅是社会大众判断领导干部成功与否的标准，同时也是大多数领导干部取得社会认同的不懈追求。实际上，在我国现行行政体制下，领导岗位职数有限，基层工作者占绝大多数。真正能够走上领导岗位的人，除了具有坚实的业务能力、出色的领导能力外，还需要有一定的职业机遇，并非每个有能力的人都能有机会。随着各级领导班子职数设置更加精简和规范，领导职数占干部总数比例进一步降低，这也意味着进入领导班子的难度比过去更大。由于领导职数的限制，绝大多数人基本都只能在普通岗位工作，很难有机会向更高职务晋升。如果对领导干部的认同过多的在于官职升迁，而不是领导干部自身发展的话，获得再多的职业荣誉也很难在职场证明自己，职业角度的自我认可和自我实现也会在现实中慢慢磨灭，更难以得到社会大众的认可。过多地忙于圈子文化，忽视家人沟通和子女教育，也会逐步失去家人的支持，出现自我认同的极大缺失，产生认同焦虑。比如，普通科员过了 30 岁之后还没有机会提拔就会逐渐丧失职业动力，出现了对自己职业上的认同焦虑，慢慢开始从内心疏离自己的岗位，对自己的工作采取消极懈怠态度，在人际交往时也不愿提及自己的职业，觉得会被别人轻视。

2. 干事焦虑

俗话说，有为才有位。意思是干好了工作，有所作为后才能获得相应的职务晋升资格。“为”与“位”相辅相成，密切联系。对领导干部而言，所谓的“位”，一是指职位，二是指岗位。从职位角度而言，不可否认，职位越高，权力越大，舞台也越大，干大事的可能性也越大。人往高处走，作为领导干部而言，谋求更高的职务、追求更大的事业是人之常情。但是工作以追求职务升迁为唯一目标，以升迁速度作为衡量职场成败的标杆，一旦晋升无果，容易产生事业上的挫败感，引发干事焦虑。同时，我国的领导干部岗位存在一个突出的问题，就是专业不对口，岗位不匹配。有的领导干部在进入领导岗位后，从事着与自己专业无关、自己不熟悉和不擅长的工作。有学者总结，基层领导干部中，对待现有岗位大致有三种态度。一种是把工作当成事业，热爱它、钻研它，总想干得更好；一种是把工作当成职业，不热爱、不反感，只是以此谋生；还有一种是把工作当成副业，食之无味、弃之可惜，不把工作当回事。这样的概括形象地说明了基层领导干部的“职业众生相”。总的来看，有相当一部分领导干部是把它作为副业来做的，对另一些基层领导干部来说，不在合适的岗位，干事创业缺乏动力和激情，加之新时代新形势下，对领导干部的各项工作要求不断提高，工作节奏快，工作压力大，考核要求高，极容易引发做事后的消极情绪，产生干事焦虑。

3. 待遇焦虑

我国现行公务员工资制度一个突出特点，就是级别与职务挂钩，待遇与级别挂钩。具体来看，基层公务员工资大致分为两个部分：一部分是基本工资，由国家确定和发放，基本上全国一个标准；另一部分是津贴补贴，由各地根据实际情况确定和发放，每个地方标准都不尽相同。具体来看，基本工资与职务级别和工作年限挂钩，职务级别越高、工作年限越长，基本工资也越高，但基本工资受职务级别影响更大，职务级别晋升带来的基本工资增长一般都是工作年限的几倍甚至十几倍。以某市为例，基本工资按照工作年限每两年调整一次，调整标准根据不同级别，每次一般几元到几十元不等。而职务级别晋升带来的基本工资调整，普遍都有几十甚至几百元的幅度。简单而言，晋升一级职务级别，工资增长抵得上十几年甚至几十年的工龄积累。至于津贴补贴，则基本上完全与职务级别挂钩。

从我国的实际情况来看，各地制定地方津贴补贴标准普遍以行政级别为依据，基本不考虑干部的工作年限。也就是说，干部不论年龄大小、工龄长短，只要级别相同，津贴补贴一律一个样。基层干部职务提不了，不但代表着级别上不去，也意味着待遇难以提高，待遇焦虑由此而产生。

4. 知识焦虑

何为知识焦虑？就是我们对新知识、新信息和新认知迭代始终有一种匮乏感，因为担心自己知识匮乏而落后于社会和他人，从而产生的一种心理焦虑，这种焦虑情绪在领导干部中表现得更为明显。如“我不想被超越，更不想被落下，唯一能做的就是跟紧这个时代，更加快速高效的学习和吸收”是知识焦虑的外在语言表现。

现在是信息时代和知识付费时代，但知识付费传授的多是碎片化知识，它们往往是一堆结论而非逻辑，往往是大量简化了的推演过程，将多路径简化为单一路径的理念，往往是只告诉我们表面事实，不告诉这背后的原理知识。因此，长期接收碎片化知识可能会导致：因为不成体系，所以容易遗忘；看待问题简单化、片面化；思维与视野变得狭隘；难以进行复杂思考和独立思考。这就是大部分在知识焦虑下，追逐知识付费的人所得到的结果：一开始，觉得很有启发、很有用，看完的一瞬间觉得自己受益匪浅。然而时间长了，就会发现自己的认知并没有由此而提高，思维并没有由此而升级，知识和技能依然在原地踏步，知识焦虑不但不会解决，还会进入恶性循环之中。

二、焦虑心理在领导干部中的运作机制

（一）焦虑情绪的利与弊

焦虑指的是一种内心紧张，预感到似乎就要发生不幸时的心境，是对恐惧的恐惧，对担忧的担忧。当人遇到竞争、威胁和挑战时，预感到无力避免、无法应对的情境时，就会产生焦虑情绪。焦虑通常被描述成不安在精神层面的对应情绪，不安是一种感觉，而烦恼是一种思想认识，一旦可怕的想法伴随着或先于不安的感觉而出现，这就意味着人开始焦虑了。然而适时适度的焦虑、理智的焦虑、具有客观性的焦虑，是一种良好的应对机制，可以借此提前做好应对准备。比如，对待岗位晋升考试，保持适度焦虑的水平，有助于对考试保持一种警觉性，有助于注意力的集中，有助于促进兴奋，提升备考效率，还有助于调动身体的能量，以全力以赴的状态去迎接即将到来的考试。

焦虑的表现通常包括三个方面：一是情绪层面，包含紧张、不安、无助感加剧等主观不适感；二是生理层面，主要是交感神经过度兴奋的表现，包含食欲减退、睡眠不良和过度疲劳、颤抖、脸红、心跳加速、冒汗、头昏、尿频、呕吐等身体症状；三是认知层面，包含注意力不集中、记忆力减退、思想混乱、无所适从等。

焦虑时会发生什么？无论是觉得手足无措，还是对将来可能发生的或现在正在别处发生的事情而担心，都是正常的反应。而焦虑则是对并不存在的事感到紧张不安，在麻烦发生之前对麻烦表现出过度关注。过度焦虑就可能是一种病态。正常人在重大事件发生时或将要发生时，总会自然产生某种程度的紧张情绪，而过度焦虑则意味着将问题泛化和虚化，最终会影响正常的生活。

在焦虑中生活意味着：任何事都要求完美；决不允许自己出错；总是责备自己的不足、失败及过失；放弃各种各样的放松方式；注意力无法集中；睡眠不足且睡眠质量不好；凡事总想最坏的结果；经常持有不必要的、消极的想法；除非板上钉钉，从不敢做任何决定；增加高血压、心脏病的发病率；等等。难道有人愿意在这样的状态下生活？我想答案肯定是否定的。但事实是有一些人就是这样生活的，他们的生活状态就像前文描述的那样。

焦虑会逐渐发展为具有强迫性的行为。一般情况下，一个人不会因焦虑而死，但焦虑却可以摧毁一个人的健康。食欲、梦想、爱情、娱乐、工作等正常生活都会因焦虑受到影响，从而影响一个人的生活质量、生活状态，甚至寿命长度。比如，金某对家里的安全问题一直深感焦虑。为此，他已经在家里安装了一套警报系统，但还是担心有人会闯入他的家中。每次离开家去上班后，都会精神紧张，一直在担心空无一人的房子。当他在家时，也会精神紧张，因为他会担心有人突然闯入自己家抢钱或干其他的事，为了安全起见，他想找一个房客，但又担心会与房客相处不好。

焦虑在某种意义上是一种“走了样”的正当反应，是对自己预感到的威胁做出了一种过分积极的心理准备。这种心理准备一旦陷入无尽的重复状态，就会占据一个人所有的注意力，分散对其他事情的专注，这样会对精神造成相当大的影响。比如，张某在工作时，总是为她那一岁多的双胞胎儿子担心，每当她把孩子们送到幼儿托管中心时都会感到无比担忧和内疚。她经常会设想她不在的时候，可能发生在孩子们身上的一切可怕的事情，从而想为他们选择更为适合的幼儿托管中心。整日忧心忡忡，工作和生活受到很大影响。

（二）领导干部的焦虑解析

对财富的忧患是现代人巨大的焦虑之一，领导干部也不例外。没有钱的人在患得中痛苦，有钱的人在患失中痛苦。人云亦云，随波逐流，不知道自己真正要的是什么，不知道最适合自己的是什么，生活在一种巨大的茫然中，不知道人生的小舟将驶向何方。“细节决定成败”这句话已经成为人们的口头禅，但是却鲜有人说“方向决定成败”。生命的绚烂与精彩、快乐与幸福，固然来自细节，但更来自一个正确的方向。

有的领导干部特别推崇完美主义，标榜自己是一个完美主义者。其实，完美主义不等于“try my best”，不等于“凡事尽力做到最好”。完美主义从其实质上来说，是一种信念，而且是一种非理性、不合理的信念。在这种信念支配下，要求全面掌控和悉数囊括，势必造成无法完成的不完美焦虑。完美主义者有一种冲动，他们将这份精力投注到那些与他们生活息息相关的事情上面，然而结果往往都是半途而废。也许开始时他们会有一股永不罢休的劲头，但后来都会衰减，原因就在于不完美的现实会在过程中接踵而至，他们根本无暇顾及与应对，最后那种永做不辍的冲动只会败下阵来，这种感觉日积月累，就会使他们整天生活在失意、挫折、失败、碌碌无为、失望、愤怒之中。完美主义也不等同于自我完善，完美主义的核心在于试图获得他人的接纳与认可，多数完美主义者会因外在成就和表现而沾沾自喜。健康的成长者应该是关注自我，关注怎样才能改善和发展自我，而完美主义者关注的是别人会如何评价自我。从终极意义上讲，过度完美主义不但妨碍了自我实现，而且本质上还是滋生抑郁、焦虑和生活麻痹感的温床。这类人会因为过于害怕不完美的自我暴露于大庭广众而错失了生活中的种种机会，因为害怕犯错和失败，害怕冒险，害怕让人失望而停止追求梦想。相关研究表明过度完美主义阻碍进步，妨碍成长，并与沮丧、焦虑、上瘾、生活混乱和机会流失等因素相关联。而因此导致的害怕犯错、失败、没有达到他人期待、遭受批评等恐惧心理，会把我们阻挡在生活的舞台之外。

完美主义并不等同于追求卓越。完美主义其实是一种防御举措，它秉持的是，假如我把事情做得完美或是看上去很完美，就能够减轻或避免受责备、指责、批评和羞耻带来的痛苦，就能够有安全感。完美主义就好像是一个厚重的盾牌，完美主义者把它拖来拖去，以为它能够保护我们，而实际上，它却是真正阻碍自身的完美之处被他人看见的屏障。

焦虑和恐惧滋养着匮乏感。对许多人而言，早上醒来的第一个念头就是“我睡得不够”，接下来的第二个念头是“我感到时间不够用”，“不够”的想法总是自动地出现在脑海中，不需要我们半点思考。我们整天把时间浪费在倾听、解释、抱怨、担心什么东西不够用上。比如：我们的练习量不够、工作不够卖力、赚的钱不够多、拥有的权力不够大、掌权的时间不够长、时间不够用，不够苗条、不够智慧、不够漂亮、不够健美、不够强大、不够出众、不够幽默、不够成熟、不够富有、不够成功——永远都不够，永不满足。每天从床上醒来，脚还没碰到地板，就已经觉得什么都不够，什么都落后，什么都匮乏。直至临睡觉前，还在纠结白天没做好或是没做完的事情。总是带着沉重的念头入睡，又带着匮乏感醒来，一开始那些充满忙碌与挑战的生活念头，慢慢变成人们失败人生的最佳理由。对多数人而言，一旦放下匮乏感，就会惊奇地发现自己的富足。这里的富足不是在贫困之上、富裕之下和比上不足、比下有余的状态，也不是衡量“完全不够”和“过多”的标准，更不是指拥有物质数量的多少，而是指一种感受，是我们自己创造出来的生活情境，相信“一切还不错”，认为“必要的已经足够”。

现代社会中，许多人都抱着类似的想法：只有非同寻常的事情才能让我们喜悦。而人们似乎也习惯于用社会和他人认可的程度来衡量一个人的价值。换句话说，价值是通过名声和财富来衡量的。这种文化影响也正在慢慢地排斥那些默默无闻、辛勤工作的普通人。在很多情况下，我们将平淡当成无聊，甚至恶意地将平淡等同于毫无意义。

焦虑的人总是怀疑自己的价值，他们想了解自我价值，却设定了种种前提条件，他们都有这样一个清单：“当我怎样的时候，我就有价值。”如：当我减掉这些体重；假如我的孩子成绩在班级前五名；除非我们不离婚；如果我当了处长；当我成功买了一套房子；等等。有时，焦虑还来自攀比，特别是盲目地攀比。攀比包括一致性和竞争性，乍看上去一致性和竞争性相互排斥，其实不然。当我们与别人攀比时，我们就想知道谁是最好的，或者在外面拥有的类似的东西中哪一个才是最棒的。我们会与其他持有不同价值观和文化传统的父母比较如何为人父为人母，但激发我们攀比欲望的对象永远是对门邻居、孩子所在班级的同学或表兄弟堂姐妹。我们不会拿自己的房子和绿地广场上的高楼大厦攀比，我们只会拿自己房子的装潢与同事家的装潢作比较，我们攀比的目的是显示自己的优秀或在一个团体中比别人更胜一筹。

当我们将大量时间和精力放在与别人保持一致性和盲目竞争性上，我们就很难腾出时间做其他更重要的事情，盲目竞争很容易令我们只去注意别人比我们超前或落后的地方，从而迷失了自己的方向，扰乱了自己的节奏。没有了攀比，诸如“超前”“落后”“最差”“最好”这些词语也就失去了意义。对领导干部而言，与其把心思用在攀比上，不如将能量聚焦于自身，努力完善自己。毕竟，内心强大才是真的强，才能接受不确定性。比如，二战期间的战斗机飞行员非常容易焦虑，因为每一次出动都可能被击落。有些飞行员甚至想选择一死了之，他们索性抱着必死的信念去撞山，这样就不必担心会被杀或受伤，活在焦虑的极度困扰中。再比如一些恋人，在一方因某种原因思考是否应该分手而犹豫不决的时候，另一方因实在受不了可能分手的焦虑不安而主动选择放弃这段感情。对确定性的追求，从某种程度来看，也可以理解为对完美的追求。这是由我们每一个人的本能决定的，如果我们失去确定性的话，我们就会陷入一种可怕的焦虑之中。比如我们要赶一趟高铁，但在路途中遇到了堵车。针对不确定的路况，能否赶得上这趟高铁是不确定的，这时，我们一定会非常焦虑，坐立不安。有意思的是，一旦我们发现已经过了检票时间，并确认火车已经开走了，反而会定下心来，然后可能会后悔自己没早些出发，但已经不会那么焦虑。不少逃亡的罪犯最后选择投案自首，这并非是他们良心发现，而是因为实在受不了可能落网的心理焦虑。人一生总是在追求确定性，认为只有得到确定性才能使自己更安全。而事实上，确定性是不可能追求得到的，领导干部只有意识到确定性并不存在时，内心才会得到真正的安宁。世上大多数人都渴望在受挫和受伤之前能够获得某种担保，这是非理性的。一个健康的现代人所应秉持的信念是“全心全意地去爱，全身心投入去做，尽管没有任何担保”。

三、领导干部焦虑的心理防御机制

（一）焦虑和心理防御机制

焦虑是一个普遍存在的问题，每个人都经历过，许多人甚至每天都被焦虑所困扰。在本书的这一部分，我们必须要为焦虑情绪说句公道话，拨云见日，来仔细分析焦虑情绪存在的理由。

从心理防御机制角度来分析，焦虑情绪和其他的负面情绪一样，也是心理防御机制下所产生的应激反应。心理防御机制是指个体面临挫折或冲突的紧张情境时，在其内部心理活动中具有的自觉或不自觉地解脱烦恼，减轻内心不安，以恢复心理平衡与稳定的一种适应性倾向。比如，愤怒情绪的产生是缘于感知到自我权利受到侵犯；忧伤情绪的产生是我们对困境和遇到灾难处境时的保护性回应。从心理机制上来说，这些情绪都在某种程度上使得我们的情感更为丰富，人格趋于完整。任何事物的存在都具有两面性，心理防御机制的存在也是如此。心理防御机制存在的积极意义在于能够使主体在遭受困难与挫折后减轻或免除精神压力，恢复心理平衡，甚至激发主体的主观能动性，激励主体以顽强的毅力克服困难，战胜挫折。心理防御机制的消极意义在于可能使主体因压力的缓解而自足，或出现退缩甚至恐惧的反应从而导致心理疾病。

焦虑情绪就像我们的心灵卫士，提醒我们潜在危险的来临，并对我们从头到脚进行检视，帮我们扫描和查找出生活、工作、学习、人际关系中的不安全因素，让我们提前预知到威胁的来临，并提前采取应对措施。虽然焦虑情绪常常会让我们感觉不舒服，但它就像一个警报器一样，时刻能提高我们的警惕性，减少我们遇到的实际风险。

防御机制产生的背景，主要是用来应对冲突。我们从防御机制的角度来看一个案例：一名领导干部张某，因为工作原因，需要到异地挂职工作，相隔千里，归期不定。张某的爱人对张某特别关心，时不时给他发一些信息和新闻链接，提醒他要注意身体。有次他先是收到一条新闻链接《四十多岁的高管，长期熬夜，加班猝死》，过会儿又收到一条《某三十多岁的白领频频跳槽遇职业危机》。张某看了之后心里也是五味杂陈，明白这是爱人不知道自己在异地他乡挂职的状态，非常担忧，但是她发送过来的信息中其实弥漫着一种死亡的焦虑，张某觉得这个情况与其说是关心，倒不如说是现实的诅咒。可事实上这在心理学上就是一种投射，是张某爱人对张某的一种焦虑情绪的投射，张某爱人运用的投射方式是把这种类似提醒的信息发给张某，感觉自己为张某做了些什么，更是贴心提醒了张某要注意些什么，为此感觉自己尽了自己的微薄之力。张某爱人如果不发这些信息，可能自己心里的焦虑就无法化解。所以某些防御机制可以适度化解心里的焦虑。

（二）焦虑和恐惧情绪的异同

焦虑是一种常见的情绪状态，是一种内心紧张不安，预感到似乎将要发生某种不利情况而又无法确定的难以应对的消极情绪。相信每个领导干部都或多或少有过焦虑的体验，它和心理学上的另一种消极情绪有些类似，但又有本质不同。心理学中通常把有明确对象的不安、担心和忧虑称为恐惧，把没有明确对象的不安、担心和忧虑称为焦虑。也就是说，焦虑是根本找不到具体目标的恐惧，一个人对焦虑难以描述、无法言说的时候，心中会弥漫着一种不舒服的感觉，好像内心有一种不能确定的预期。从程度上来说，表面上看似乎焦虑要比恐惧的程度浅，但正因为它没有清晰的对象，没有明确的方向，才让人无法找准靶点下手，从而使人更加无奈和疲倦。事实上，焦虑带给领导干部的心理压力丝毫不会少于恐惧。

（三）合理性焦虑和过度焦虑

焦虑作为一种常见的负面情绪，每个人也都希望能够避免焦虑造成的困扰，甚至是折磨。不过前文已经提过，我们不能忽视焦虑的作用，必须正视焦虑的积极面。焦虑可以提高我们的随机应变能力，随时防御即将面临的危机。这种必要的焦虑称为合理性焦虑，也是领导干部必须要拥有和驾驭的能力。打个比方，这种合理性焦虑就像汽车上的汽油不足警示灯一样，能够提醒我们及时意识到即将面临的危机，提早做好准备，未雨绸缪，同时在略感焦虑的情况下，大脑也会保持高速运转，注意力更加集中，工作也会更加完善。请试着回忆最近一次让自己焦虑的事情，想想这段不舒服的经历是不是在危险来临之前的警示，让我们提前做好预案，主动寻求解决方法，来降低当时的焦虑，也能尽可能排除潜在的危险。如果我们无视汽油不足的警示灯提醒的信号，继续前行，一定会因汽油耗尽而抛锚在路上。

如果放任焦虑任其自由发展也会导致我们对焦虑的适应度提升，从而失去警示的意义。日常工作和生活中出现的许多焦虑情绪，更多的是源于自身的敏感度，这就是过度焦虑。当焦虑适度存在时，工作效率和进度会慢慢增加，但一旦超过顶峰值，工作效率反而会降低。过度焦虑会产生问题，那怎么判断焦虑是否过度呢？主要围绕焦虑范围、焦虑强度和焦虑作用三个指标来进行。

1. 焦虑的范围

觉察自己的焦虑，并考虑这种焦虑是否合理，主要判断这种焦虑是否已经超出了威胁所涉及的范围。有些事情与我们无关或者离得很远，但是却让我们忧心忡忡。比如，吕某的同事因为严重工作失误被辞退，吕某就开始坐立不安，总觉得自己也面临着即将被辞退的危险。这种很多人只是会偶尔感到焦虑的情形，或者说会因此提醒自己不要出现类似错误的情形，却会让吕某经常感到焦虑，而实际上这种焦虑就是没有必要的。

2. 焦虑的强度

强度是焦虑是否适度的最贴切的指标。举一个通俗易懂的例子，游乐场的过山车项目，每次都吸引了大量游客去游玩，是因为过山车项目能在可控的情况下，给予游客适量的焦虑刺激，让游客想玩又有点担心，乘坐的时候能够在最危险的状态下体会到一种焦虑感甚至恐惧感，而这恰好能够刺激体内的神经，让游客兴奋，在结束后也更能体会到焦虑消逝时的舒畅。

当然，首先要明确此种焦虑无害，才能尽可能地享受焦虑的刺激，如果玩过山车的时候有生命危险，那就不会产生这种感觉，因为焦虑的强度超过了适度范围，没人会对此产生兴趣。

3. 焦虑的作用

焦虑最开始起作用的时候是在适度范围之内，能激发人的潜能，为临近危险或有压力的事件做好准备并积极应对，从而改变危险或减少压力的趋势。但如果焦虑失控，开始肆无忌惮地发展，就会麻痹我们的感受，让我们变得麻木消极地去适应。比如焦某因为出差时亲眼见到一起车祸，之后终日躲在家里不敢出门，害怕再出车祸。这就是从本质上被焦虑改变了积极属性，这种焦虑也是不必要的。

三种指标外的不必要的焦虑都会让人处在惶惶不可终日的情境下，阻碍个人进步和事业的发展，让人对自己逐渐失去信心。对领导干部而言，无法合理掌控自己的焦虑情绪，就无法合理掌控好自己的工作和生活。如果被这种无意义的焦虑不断折磨，会陷入一种恶性循环，过度焦虑会导致工作生活不顺，工作生活不顺又会加重焦虑，如此反复，令人陷入难以自拔的困境。

第二章

读懂你的焦虑

进入新时代，社会在不断发生变化，人们也在不停地通过自我调适来应对这些变化。对领导干部而言，“焦虑”这一话题更能引起绝大多数人的共鸣，虽然原因各不相同，但几乎都在焦虑的“辐射圈”内，有些领导干部甚至会出现经常做噩梦、莫名其妙的恐慌、经常性的失眠、呼吸急促等情况。了解领导干部焦虑心理的现状和特点，是科学化解领导干部内心焦虑的前提。

一、领导干部焦虑问题刻不容缓

中国社会正经历着前所未有的跨越性转变，从封闭型社会向开放型社会转变，从农业文明向工业文明转变，从传统型社会向现代型社会转变。社会转型下的中国传统社会结构出现了前所未有的分化，已经进入心理风险社会，心理疾病已经成为威胁人类健康的杀手之一。随着对全民心理健康问题的关注，对领导干部群体心理健康状况的关注度也越来越高。普遍印象中，一个人走上领导岗位后会有更积极的发展，然而事实上领导干部的岗位并不总给个人带来幸福感。有的领导干部上任以后，反而感觉自己迅速衰老了，高血压、焦虑、脱发严重等问题不断地破坏他们的身体状况、情绪状况、工作状态甚至是家庭生活。有学者指出，领导干部是否能够体验到幸福感，往往取决于他所领导的团队的整体状态和其拥有的权力与威信感。领导干部是影响一个单位工作成败的关键，是决定企业或单位前途和命运的关键要素。领导干部群体是国家经济、社会等各项行政事务的直接决策者和推行者，承担着对整个社会公共事务的管理任务，是一种极为复杂，需要较高综合能力的职业，国家的兴衰在一定程度上取决于领导干部队伍能否正常、有序、廉洁和高效地运转，他们的素质高低也直接影响着行政效率的高低，影响着党和政府的形象，所以党政领导干部不仅要有完成本职工作的本领和健康的体魄，更应该具有良好的心理素质。

中纪委、中组部、监察部联合下发《关于关心领导干部心理健康 提高干部心理素质的意见》要求各部门、各单位要切实提高基层干部心理素质，增强领导干部自我调节的能力。关注领导干部的心理健康已经成为一项重大的政治任务。

2016 年 12 月 30 日，国家卫生计生委、中宣部等 22 个部门联合印发的《关于加强心理健康服务的指导意见》指出，“加强心理健康服务，开展社会心理疏导，是维护和增进人民群众身心健康的重要内容，是社会主义核心价值观内化于心、外化于行的重要途径，是全面推进依法治国、促进社会和谐稳定的必然要求”。2017 年党的十九大报告提出要实施健康中国战略。“人民健康是民族昌盛和国家富强的重要标志。要完善国民健康政策，为人民群众提供全方位全周期健康服务。”“加强社会心理服务体系建设，培育自尊自信、理性平和、积极向上的社会心态。”

加强领导干部心理健康教育，是促进领导干部个人身心健康发展的必然要求。当前，整个社会的心理健康状况堪忧，工作压力、人际关系、新形势下的反腐问题等都对领导干部的心理健康状况造成了负面的影响。与此同时，领导干部对于心理健康的话题存在一定的错误认识，个体和社会组织都缺乏正确处理个人心理问题的良性机制，最终导致各种心理健康问题层出不穷。高效、及时的心理健康教育有利于纠正领导干部内心的错误认识，完善领导干部的自我意识，调整其个人情绪，激发其应对压力的内在潜能，最终实现身心的健康发展和个人成长。

加强领导干部心理健康教育，是推动新形势下反腐倡廉工作的重要支撑。党的反腐倡廉工作是强化执政能力的必然要求，是践行全心全意为人民服务的宗旨、紧密联系人民群众、保持党的先进性和纯洁性的内在要求，是巩固党的执政地位，营造清正廉洁的良好社会风气的必然举措。反腐倡廉工作的持续推动，使得领导干部容易产生错误的认知观念，产生巨大的心理压力。加强党政领导干部心理健康水平，做好心理疏导工作，提高干部的心理素质，有利于领导干部破除错误观念，缓解内心压力，认识到“清者自清，浊者自浊”的道理，从侧面支持和推动党的反腐倡廉工作继续前进。

加强领导干部心理健康教育，是履行工作职能、强化党的执政能力建设的必然要求。在某省某局中，领导干部往往是各地方分局的行政和党务主要负责人，在省局机关则是各处、各直属单位的主要负责人，在组织架构和系统运转中具有突出的地位和作用，在各条一线业务战线中承担着指挥中枢的角色，因此领导干部心理健康的重要性不言而喻。加强领导干部心理健康教育，是履行工作职能，保证党的各项事业得到有序推进的必然要求，也是社会转型背景下党提高自身执政能力，增强处理各类社会突发性危机能力的必然要求。

二、领导干部焦虑心理现状

国家党政领导干部队伍由于所处地位和工作性质的特殊性，其焦虑心理问题，长期以来并不被重视。领导干部从事国家和社会的管理活动，不管职位高低，相对而言，个体综合素质和能力都比较高，其内心活动往往比一般社会成员更为复杂和丰富。特别是担任重要领导职务的领导干部，对自己往往有着比一般人更高的标准，在竞争比较激烈的情况下，一旦遭遇挫折，就意味着对那种高标准、严要求目标的否定，极易出现心理问题。同时，也由于他们职位的重要性和特殊性，往往难以找到可以倾诉和求援的对象，帮助他们排解负性情绪。如由于工作规范对保守工作机密的严格要求，一些领导干部言行含蓄低调，这在一定程度上限制了个体表达自己的内心诉求；由于官场等级制度的观念，制约着国家领导干部在思想情感上的正常沟通与交流；由于中国自古以来以忍为善德，小不忍则乱大谋，忍一忍风平浪静，退一步海阔天空，形成了中国领导干部较为封闭的职场氛围，没有很好的沟通疏导渠道，这些都是造成焦虑情绪累积的重要因素。

以领导干部中的国家公务员群体为例，2015 年，中国科学院心理研究所国家公务员心理健康应用研究中心花了两年时间对 32426 名公务员进行了压力与心理健康状况调查。数据显示，有 10% 的人焦虑水平比较高，8.4% 的人抑郁水平比较高，15.2% 的人压力水平比较高。在《中国国民心理健康发展报告（2017—2018）》一书中，对公务员压力与心理健康的调查报告显示，公务员群体整体上心理健康水平良好，但有5%的人焦虑水平比较高，有35.2%的公务员处于中高等焦虑水平。

领导干部的心理健康问题，特别是焦虑情绪问题，在身体上也会有所体现，比如经常表现出易疲劳、睡眠浅且容易醒、经常失眠、脱发白发严重等症状。这种身心状态一定会影响领导干部的社会功能，比如工作效率下降，工作动力不足，容易产生职业倦怠感和消极心境，在行动上表现得无所用心，工作上得过且过。对外，领导干部会将这种不良情绪和消极情感带给群众，影响自己在群众中的形象。领导干部的焦虑有些是现实性的，来自外界实实在在存在的现实情况；有些是神经症性的，来自对外在环境和对内在内驱力的自发性的焦虑，人会随之产生防御的能力来驾驭它。当领导者个体的能力无法驾驭的时候，产生的焦虑就叫做信号焦虑。比如开车到道路口，能第一时间接触到信号交通灯的提示并做出合适的反应，该走还是该停根据看到的信号产生行为，有条不紊。如果不能做出合适的反应，就会产生无法掌控的感受，严重的就会产生暂时的功能性失调。前文已经对焦虑的内涵进行了详细的解读，经过笔者对焦虑情况最为严重的基层领导干部的调查访谈发现，对领导干部焦虑情绪影响最大的现实因素主要有以下四点：

（一）工作任务繁杂琐碎

在现行体制之下，自上而下的文件和指令要求具有强化执行的作用，加之现在的行政管理体制和管理格局，常常导致“上面千条线，下面一根针”的管理格局。几乎所有的目标分解、重点工作、专项工作都在基层落实，也就是说都会逐渐放大到基层，在基层达到最大工作量。同时，还有各个条线的工作叠加，加之检查、督查、考核等各项工作层出不穷，文山会海和 PPT（演示文稿）人生已经成为常态，这样必然会造成基层领导干部繁杂的工作负担和忙碌无序的工作状态。

（二）职业发展上升通道狭窄

公务员职业体系的特性决定了能晋升到更高职位的基层领导干部是很少的一部分人，这种高位稀缺性往往受到能力、年龄、岗位机遇等多种因素的影响，晋升失败更容易造成领导干部的无力感和失落感。公务员职业规划和发展的自主性较其他行业明显偏弱，必然造成基层领导干部过早出现职业倦怠和职业发展无望产生的弥漫性焦虑。

（三）人际关系微妙复杂

在基层公务员和基层领导干部的相关调查中，有 70% 以上的受访者表示在人际关系中存在焦虑感。在公务员层级体制中，信息的传递是自上而下的，人际关系呈现重上不重下的特性，信息联络和人际关系不对称现象十分显著。在公务言语和秩序结构中，并不是所有的规则都是制度化的，人际关系必然成为从业者需要付出时间和精力去完善的环节。然而由于层级体制问题和上下级职权的不对称，沟通很难达到双向平等，容易产生人际焦虑。

（四）生活负担日趋增加

在经济社会发展和社会福利不断优化的情况下，领导干部群体的收入水平除了稳定性，就没有什么特别的可比性。家庭子女教育，医疗卫生，休闲娱乐等生活开支的增加，都会给基层领导干部造成巨大的生活压力，产生焦虑。

三、领导干部焦虑差异

对近年来关于领导干部焦虑问题做的调查报告进行系统分析和整理后，根据具有调查意义的文献，对三类领导干部群体的焦虑特征表现分析如下：

（一）公务员的焦虑特征表现

在《中国国民心理健康发展报告（2017—2018）》一书中，对公务员压力与心理健康的调查报告从性别、年龄、受教育程度和不同婚姻状况进行了统计调查和分析。具体差异性分析如下：

1. 不同性别的公务员在焦虑水平上的差异

根据调查报告显示，不同性别的公务员在焦虑水平上差异不显著。女性公务员心理健康水平整体好于男性公务员。

2. 不同年龄段的公务员在焦虑水平上的差异

根据调查报告显示，公务员群体在年龄段上的差异显著，31～40 岁的公务员焦虑水平最高，其次是 18～30 岁，最后是 41～60 岁。也就是公务员入职后，随着年龄的增长会出现焦虑水平先缓慢增长，再逐渐降低的过程。

3. 不同受教育程度的公务员在焦虑水平上的差异

根据调查报告显示，不同受教育程度的公务员群体在焦虑水平上的差异显著，低学历公务员的焦虑水平显著高于学历水平比较高的公务员群体，表现为专科及以下的公务员群体焦虑水平状况最不好，本科层次的公务员群体次之，然后是博士及以上学历的公务员群体，焦虑水平状况最好的是硕士层次的公务员群体。

4. 不同婚姻状况的公务员在焦虑水平上的差异

根据调查报告显示，不同婚姻状况的公务员群体在焦虑水平上的差异显著，已婚群体的焦虑水平最低，未婚群体的焦虑水平次之，然后是离异群体的焦虑水平，焦虑水平最高的是丧偶群体。

（二）乡镇领导干部的焦虑特征表现

2014 年，林洁等对山西的 33 个乡镇（其中山区、丘陵、平川各 9 个，城区 6 个）进行调研，课题组通过对调研结果的分析归纳发现：87.5% 的人认为自身或多或少存在一定程度的焦虑心理，心理焦虑已经成为现阶段乡镇领导干部的常态。乡镇领导干部的心理焦虑与年龄、性别和工作地域等有着高度的相关性，主要表现为以下四个方面。[①]

1. 乡镇领导干部的心理焦虑与职务呈正比例线性关系

由于乡镇领导干部处于官僚体系中的较低层级，课题组按其职务进行分组时设为正科、副科两个级别。调研结果表明，在正科级领导干部中经常有焦虑感的占到该组成员的 38.6%，且焦虑感强度最大。如焦虑感较强的乡镇党委书记在同级别人群中占到 86.5% 的比例，在副科级群体中这一比例为 29.8%。

---

① 林洁：《乡镇干部的心理焦虑及其消解途径——以山西省 33 个乡镇的调研为例》，《理论探索》2014 年第 3 期，第 11 页。

与之相比，乡镇一般干部的焦虑感较少，主要与承担的责任和背负的压力较小有关。

2. 乡镇领导干部的心理焦虑与年龄呈正抛物线关系

由于在乡镇领导干部中存在着较为明显的“45 岁现象”，故根据实际情况，课题组将被调查者按年龄分成三个组：25 ~ 35 岁组、35 ~45 岁组和 45 ~55 岁组。调查结果显示，在这三个年龄段中，35 ~45 岁之间的乡镇领导干部焦虑感最强，有近 1/3 的人感到“对未来没有信心”；45 ~55 岁之间的乡镇领导干部有较强焦虑感的占到该组成员的 18.4%；而 25 ~35 岁之间的乡镇领导干部有较强焦虑感人数相对较少，所占比例不到该组成员的 1/8。

3. 乡镇领导干部的心理焦虑随性别呈现出“阳盛阴衰”

艰苦的工作生活环境和驾驭复杂局面的能力要求，使得男性在乡镇领导干部中占绝对优势（此次随机发放的调查问卷统计发现，男性乡镇领导干部占 78%，女性仅占 22%），但在抗焦虑性方面，女性明显优于男性。问卷调查表明：“经常有焦虑感”的男性比女性高出 26.5%，感到“焦虑感很大”的男性比女性要高出 36.7 %。

4. 不同工作类别和职位的乡镇领导干部在焦虑水平上的差异

现阶段的乡镇工作点多面广，涉及许多领域，既有计划生育、文化、教育、卫生，又有经济建设、乡村发展、社会综合治理等。问卷调查表明，分管信访、安全生产的乡镇领导干部焦虑感最强，“经常有焦虑感”的占到 55.9%，比“偶尔有焦虑感”的分管文化、教育、卫生部门的乡镇领导干部高出 37% ~41%。其次是从事经济管理部门的乡镇领导干部，“经常有焦虑感”的占到34.8%。除此之外，涉及征地、拆迁、计生部门的乡镇相关负责人，“经常有焦虑感”的超过1/5。

（三）处级领导干部的焦虑特征表现

2014年，孙文超等对某省某局的140名处级领导干部的心理健康进行了调查和分析。该调查主要借助症状自评量表（SCL－90）进行量化研究，在焦虑指标上结果如下[①]：

1. 不同性别的领导干部在焦虑水平上的差异

通过男性和女性领导干部在不同因子上的得分进行显著性检验发现，不同性别在焦虑因子上的得分不存在显著差异，这一点和全国公职人员焦虑情况的调查结果是一致的。相对而言，女性领导干部的焦虑值要略低于男性领导干部。

2. 不同工龄段的领导干部在焦虑水平上的差异

根据工龄的不同，将领导干部分为工龄小于等于20年和大于20年两组，对两组人群在不同因子上的得分进行对比，以探讨不同的工龄对焦虑因子得分的影响。通过工龄小于等于20年、大于20年的两组人群在焦虑因子上的得分进行显著性检验，发现两组人群未存在显著性差异。也就是说，焦虑情况不会随着工龄的增加而减轻。相对而言，工龄小于等于20年领导干部的焦虑值要略低于大于20年领导干部的焦虑值。

3. 不同性质机关的领导干部在焦虑水平上的差异

将领导干部根据所在机关单位性质的不同，分为省级机关

---

① 孙文超：《基于SCL－90量表的社会转型下处级领导干部心理健康研究——以某省某局为例》，南京大学2016年硕士学位论文，第5页。

和地方机关两组，对两组人群在不同因子上的得分进行对比，以探讨机关性质对焦虑因子得分的影响。通过省级机关和地方机关两组人群在焦虑因子上的得分进行显著性检验，发现两组人群未存在显著性差异。但从焦虑值来看，地方机关领导干部的焦虑值要普遍高于省级机关领导干部。

第三章

领导干部焦虑心理的诱因

焦虑心理是领导干部群体中存在的最为突出的心理问题，而造成这一问题的原因是多方面的。焦虑情绪的产生不仅受到外部社会环境和事件的影响，也与个体自身的人格特点、认知偏差和发展能力等因素有很大的关系。科学分析领导干部焦虑心理产生的原因，才能够追根溯源，对症下药。下面将从人格特征、认知偏差、自身能力发展等方面对领导干部焦虑心理的诱因进行分析。

一、人格特征引发心理焦虑

俗语“人有千面，各有不同”是对人格很贴切的形容。人格是一个丰富而复杂的心理成分，是由认知、动机、气质、性格、自我调控等不同成分构成的一个结构系统，不同的成分从不同的侧面反映了个体间的差异，其中气质与性格是构成人格的主要成分，决定了一个人的整体面貌。例如，有的人活泼开朗善社交，有的人内向腼腆爱独处。这种相对稳定且持久的行为倾向即可理解为人格特质，它使人在不同时间与不同情境中的行为方式保持相对一致。俗语“三岁看小，七岁看老”中稳定不变的因素就是人格特质。人格特质是多元的，关于人格特质类型的分类与描述有多种，如“体型说”“血型说”“体液说”等，其中“医学之父”希波克拉底（Hippocrates）在公元前 5 世纪提出的“体液说”以及大五人格理论得到普遍认可，且一直被沿用至今。根据不同的人格类型理论，对于易引起心理焦虑的人格类型或人格特质也有不同的观点，下面进行详细介绍。

（一）领导干部的气质类型与工作类型或职位不协调导致焦虑

希波克拉底的“体液说”认为人体含有四种不同的体液——血液、黄胆汁、黑胆汁和黏液，并根据某种体液在人体内占优势而将人的气质分为四种类型：多血质、黏液质、胆汁质和抑郁质。不同气质类型的人有不同的人格特点，大多数人都是由多种气质类型组合而成，只是由于某种成分偏多而偏向某一种气质类型。

胆汁质类型的人像是夏天里的一团火，这类人多偏直率热情、精力旺盛、性情急躁、反应迅速，情绪明显外露但持续时间不长，通常表现为活力、乐观、爱冲动、易变化、易激惹等。最典型的代表人物就如《水浒传》里脾气暴躁、为人耿直好斗的“黑旋风”李逵。多血质类型的人特点是喜形于色，具有活泼好动、容易适应新的环境等特质，且注意力易转移、接受新事物快但印象不是很深刻，通常表现为善社交、开朗、健谈、敏感、活跃、关心自由等。最典型的代表人物就如《水浒传》里舞刀弄枪、弹琴吹箫、广交朋友的“浪子”燕青。黏液质类型的人特点是冷冰耐寒，以安静稳重、反应缓慢、善于克制自己、情绪不易波动和外露为特征，喜爱沉思，且在做任何工作之前都要细致考虑，通常表现为平静、性情平和、可信赖、有思想、谨慎多虑、被动等。最典型的代表人物就如《水浒传》里肩负血海深仇、忍耐持久的“豹子头”林冲。抑郁质类型的人似秋风落叶，多表现为行为孤僻、反应迟缓，情感生活不够丰富，也很少外露自己的情感，同时对事物反应有较高的敏感性、能体察到一般人所察觉不出来的事件，通常表现为安静、不善社交、有节制、悲观刻板、善思考、喜怒无常、多愁善感等。最典型的代表人物就如《红楼梦》里多愁善感、弱不禁风的林黛玉。

气质类型是天生的，无好坏之分，但不同气质类型的人有各自相对适宜的职业类型，能更好地适应这些类型职业的要求。如多血质类型的人适宜的工作有外交、管理、律师等，抑郁质类型的人适宜的工作有校对、化验员、机要秘书等。当然每个人都是多种气质成分的组合，领导干部作为领导者也需要多方面气质特征协调工作。但大多数人都会更多的偏向于某一种气质类型，当人们从事的职业类型或职位等级与自己的主要气质类型不相符时，就会产生冲突、压力和焦虑，担心自己是否能够胜任该工作。例如当抑郁质类型的人担任人事工作的领导时，由于抑郁质类型的人天生不善社交、反应迟缓且被动，与上级、同事及下属之间的工作汇报、讨论及分配等交际行动都会给他带来压力和焦虑。因为恰好这种气质特征与领导职位之间存在矛盾和冲突，从而导致心理紧张，产生焦虑心理。

比较典型的例子，《红楼梦》中林黛玉与薛宝钗都是书香世家，自小读书识字且“杂学旁收”，对文学、艺术、历史、医学乃至诸子百家的思想等都有广泛的涉猎和渊博的知识，在当下看来相当于是具备了作为领导干部所需要的基本技能，甚至是优秀的储备人才。但是，薛宝钗与林黛玉二人气质类型的差异，也在一定程度上影响了她们的人生轨迹。林黛玉偏抑郁质类型，多愁善感，遇事多心且不爱表达自己的情绪和感受，偏爱自己躲在闺房里生闷气，沉浸在自己的小情绪里。薛宝钗则是偏向多血质类型，善与人交际，进入大观园这一复杂的新环境能够较快地适应，并且得到大观园里多数人的一致好评。

她的善交际、明事理、顾人心，使她具备了领导干部的管理技能，她“无为而治”的管理方法，将大观园治理得井井有条。她出钱出物为史湘云设东摆螃蟹宴，解决了史湘云贫寒势单却要请客的困难；她照顾命运坎坷的香菱，使香菱免受欺负；她暗中帮助家境贫寒的岫烟，一针一线地为她着想；连猜忌她的林黛玉她都用心教导，使林黛玉都不禁对她心下暗服。这些管理上的周全考虑，林黛玉则很难做到，她过于偏向关注自己感受，沉浸在自己的世界。如果林黛玉担任管理大观园的职位，可能会加重她的抑郁倾向，甚至焦头烂额、不知所措。

（二）领导干部的人格因素导致焦虑

希波克拉底的“体液说”根据体液类型将人分为四种类型，虽然对人的人格特征具有一定的描述性和鉴别性，能够在一定程度上反映出不同人之间的差异，但是还不够具体清晰。人格特质理论认为人格是由多种特质组成的，比如独立性、敏感性、敢为性、外向性等。后来研究者们通过大量研究来确定构成人格形成的因素，并在 20 世纪 80 年代逐渐形成共识，认为人格形成主要由五种因素构成，包括神经质、外倾性、开放性、尽责性和宜人性。

每一种因素都在一定程度上影响着人的性格，每个人在各个因素上的得分都不尽相同，也因此形成了自己鲜明的性格特点。神经质反映的是人们情绪状态的稳定性程度，神经质得分高的人焦虑水平较高，经常会表现出敌对、压抑、慌乱，且异常敏感、自我怜悯，更容易关注负面事件或事物的负面信息。如果领导干部自身的神经质水平较高，在遇到问题或困难时更容易紧张多虑，过分地担忧导致焦虑水平增高。平时工作的时候，情绪也容易不稳定、易起伏且波动较大，不擅长调适自己的情绪。有研究表明，神经质水平也会影响领导干部的领导能力。

外倾性反映的是人们的内外向程度，外倾性得分高的人表现出热情洋溢、积极乐观、爱冒险、喜社交等特点。而低分个体则表现出害羞含蓄、退缩保守、不喜交流等特点。有研究表明内向性也会影响焦虑的产生，如果领导干部过于偏向内向，但其工作特性需要不断地与他人交际，期望独处的本性与现实外联需要有矛盾冲突，会引起强烈的焦虑心理。

开放性反映的是人们的认知风格，开放性高的人会表现出较强的好奇心，乐于尝试新鲜事物，抽象思维丰富，兴趣较为广泛；而开放性低的人则相对更传统和保守一些，更注重实际，偏爱常规思路。领导干部所处的岗位是适应性的，需要有较强的紧急情况应对能力。如果开放性过低，不能够审时度势根据环境和政策的发展变化做出适应性的决策，容易导致工作不顺利而引起焦虑心理。

尽责性反映的是人们控制、管理和调节自身冲动的方式，也包括责任感、坚持性、动机等。尽责性高的人通常被认为是可信赖、认真严谨的，会尽力完成工作和任务，追求成功和卓越；而尽责性低的人通常被认为是懒散的、马虎的，且易冲动、易拖延，遇到苦难容易退缩。领导干部作为领导者，需要有较高的尽责性，既需要对自己负责，也需要对群众负责，有组织有条理地尽职完成工作。若尽责性过低，容易引起群众对领导干部工作态度的不满，继而引起领导干部的焦虑心理。

宜人性反映的是人们在社会生活中与他人交往的人际取向，宜人性高的人喜欢信赖他人，不喜冲突，乐善好施；宜人性低的人则更加倾向于漠不关心、多疑、不合作等行为。领导干部由于工作特性，多数需要服务于群众和社会，这要求领导干部有较高的宜人性，亲切可人，充满热情。但是如果本身宜人性较低，缺少关爱，易猜忌多疑，现实需要与自身的矛盾也会带来心理上的内疚和痛苦，引起焦虑心理。

三国时期因仁德宽厚而备受敬仰的刘备，当属于宜人性和开放性较高类型的领导人物。他用人不疑，求贤若渴，惜才爱才。因此麾下才会有诸葛亮、张飞和关羽等忠义之士愿与其同生共死，鼎力相助。而同时期的一代枭雄曹操，则是属于神经质较高、宜人性较低类型的领导人物。曹操出色的机权与领导管理才能令人佩服，但也令人心生敬畏。因为他思虑过多，易猜忌多疑，性情捉摸不定。其长期患有的严重偏头痛与其担忧思虑过多有关，是长期处于焦虑状态引起的生理症状。

（三）领导干部因特质焦虑而焦虑

焦虑分为状态焦虑和特质焦虑，其中特质焦虑是指一种稳定的人格特质，指人们在不同时间、不同情境中都保持相对稳定的焦虑倾向或焦虑习惯。比如，焦虑情绪的产生一般是由一定的对象引起，其中有些情绪状态会随着时间逐渐缓解消退，而有些情绪状态则会一直持续，由最初的紧张、焦虑不安的情绪反应演变为持续的紧张、忧虑不安的状态，最终留存在人们的人格结构中，成为人格特质的一部分，使个体在任何情境下都保持着稳定的焦虑倾向。有研究认为这种特质可能与遗传有关，有些人生来就遗传了更敏感、更容易激动的气质，在长大后或者长大过程中都更容易被任何小的、有危险性的事物刺激，产生焦虑心理。

特质焦虑水平较高的个体，在面对同样的情境时会更容易表现出焦虑。也就是说，即使是相同的职位，面对相同的任务和不确定性，高焦虑特质的领导干部对于未知的风险有更多的担忧和恐惧，更容易产生焦虑心理。特质焦虑与外部刺激无关，与一些稳定的人格因素有关。中国科学院心理研究所对与特质焦虑相关的四种人格因素进行考察，结果表明，自尊与被评价意识是影响特质焦虑的主要人格因素。自尊是指人们对自己的喜欢、接纳和肯定。高自尊型的人常认为自己是可爱的，有希望的，有价值的。因此，领导干部的高自尊可能使他们很容易克服某些不高兴的事情，很少体验到焦虑。如果是低自尊型领导，对自己是批判的、不认可的，在遇到问题或者失败时，更容易将失败原因归结到自己身上，不断地谴责自己，会因内疚等负性情绪而产生焦虑。被评价意识是指比较关心看重别人对自己言行的批评或赞美因而体验到更多的威胁和压力的心理状态。领导干部作为公众人物，其言行举止都受到高度关注与评价，如果被评价意识较高，过于在意别人对自己的评价就会更容易产生焦虑心理。除了人格因素之外，生物性因素也会影响到人们的焦虑水平。哈佛大学教授杰罗姆·凯根（Jerome Kagan）发现，皮质醇（又称“压力荷尔蒙”）水平越高、心率越高的人，更容易自我压抑、烦躁和焦虑。

二、认知偏差引发心理焦虑

认知是指人们认识客观世界的信息加工过程，包括感觉、知觉、记忆、想象、思维等。即人们通过听、观、感、触等实践活动初步认识世界，再结合自己的思维活动来解释和了解世界。人们在认知世界的过程中会产生不同的情绪体验，包括基本情绪喜、怒、哀、乐、悲、恐、惊，也包括复杂的复合情绪羞愧、感激、焦虑、激动等。由于气质类型、教育水平或生活经验等因素的不同，人们对同一件事情的认识和解释也会不同，由此引起的情绪体验也自然是千姿百态。所以有的领导干部升职后因升职加薪满心欢喜，而有的领导干部则会由于担心未来的焦虑情绪或任务难度增加后的畏难情绪而忧大于喜，也就不难理解了。对焦虑个体的研究表明，焦虑个体一般会存在一定的认知偏差，包括注意偏差、记忆偏差和解释偏差等。这些认知偏差会使个体无法做出正确合理的评估或判断，从而引起或导致焦虑情绪程度增加。具体如下：

（一）领导干部的注意偏差问题

多项关于焦虑个体的研究表明，焦虑个体存在注意偏差，即对具有负性或威胁性信息的注意更多。比如，当领导干部被分配新的任务或职位时，虽然同时存在机遇与挑战，但是易焦虑的领导会更多地注意到有可能面临的困难与挑战，忽略新任务带来的知识与经验的增长等有利的一面，因此会因为担心自己解决不了可能到来的困难而过多地焦虑。而且，人的注意资源与认知资源都是有限的，当过多地将注意分配到消极事件上时，特别容易因为关注不到积极事件而错失良机。此外，因消极事件产生的消极情绪也会过多地消耗认知资源，导致认知局限，进而限制人的思维和影响其解决问题的能力。越着急越容易出错，正是因为焦虑情绪占用了部分认知资源，导致用来思考对策的认知资源不足而出错。

例如，某林业局的基层管理干部张科长，工作踏实，认真负责，工作多年表现优异，一直受到上级的认可和肯定，由于工作出色被组织考虑提拔。张科长得知上级有提拔自己的意向后很是开心，因为有更好的机会可以把工作做得更好，但不久之后张科长就陷入了犹疑之中。由于张科长的认真负责与其他同事的随遇而安形成了鲜明对比，引起了其他同事的心理不适，上级对张科长的认可也引起了同事的妒忌心理，因此一些同事与张科长的关系稍微有些不和谐。张科长认为升职意味着要领导同事们向前发展，但是同事们之前的工作态度及关系让张科长感到升职后困难重重，压力很大，于是陷入了巨大的担忧和焦虑之中。张科长由于焦虑只关注到了升职后可能遇到的问题，而这些问题是任何人升职后都有可能需要面临的问题。张科长沉浸在焦虑之中，忽略了对升职之后合理使用领导权的思考，忽略了合理使用领导权也有可能改进与同事之间的关系，新的身份也有可能打开新的局面，新的机会可能带来新的发展。

（二）领导干部的记忆偏差问题

在工作与生活中，每个人都会对过去经历过的事件进行反思、归纳和总结，并通过这个过程总结出做得不错的地方，继续保持和发扬；对于不足和有待提高的地方努力做出提升和改进，从而通过这个过程不断进步。但是一个人的大脑是有限的，并不会使每一件事都存入记忆，只会选取一部分存入。对于不同事件的选择就会产生不同的情绪反应，有些人习惯性地对开心欢乐的事情记忆更多更深，也有些人对痛苦的事情记忆更多更深。对领导干部而言也是如此，有些领导干部会习惯性地将工作中的成功经验和职务晋升存入记忆，而有些领导干部就会更多的选择记忆自己的竞争失败和工作失误经历。此外，有研究表明，人的记忆并不总是与现实相符，记忆的内容及存在的形式都与自己的理解有关。比如，事物都是具有两面性的，一件事发生后有积极的一面也有消极的一面，有些人记住的是积极的一面，回忆时体验到的会是开心、愉悦、满足等积极情绪；有些人记住的是消极的一面，回忆时体验到的会是懊悔、自责、内疚等负面情绪。领导干部在工作生活中每天都会经历很多事情，在反思和归纳总结时如果记忆多偏向是消极事件或者事件的消极意义，则会更容易产生焦虑情绪。

（三）领导干部的解释偏差问题

当我们经历一件事情时，总会试图对事情的起因与结果进行分析和解释，以此吸取经验获得进步。但不同的人对同一件事情的解释可能天差地别。例如，与同事相约中午一起吃饭，问他想吃什么，对方回复“随你”，有的人会消极地解读为“他其实不喜欢我，不愿意跟我一起吃饭”，也有人中性地解读为“他没有主意”，或者积极地解读为“他喜欢我，更尊重我的愿望”。不同的解释风格造成的情绪体验也是截然不同。积极或中性的解释会带来积极或中性的情绪体验，如开心或平和；消极的解释则会带来消极的情绪体验，如挫折感、不自信，导致不敢再主动与同事约饭，甚至造成人际交往焦虑。领导干部在被分配新任务或者与同事交往时，任何活动的解释偏差都有可能引起消极情绪体验，导致其焦虑情绪。

解释偏差多与不合理信念有关，不合理信念主要有绝对化的要求、过度概括化的评价和糟糕至极的结果三大类。绝对化的要求是指对自己或他人提出的要求过高，与实际不符。例如，自己接到或者分配给下属新的任务时，不考虑任务的难度及自己或下属的能力，盲目地认为任务必须完成得十分完美，然后由于实际达不到期望而产生焦虑。过度概括化的评价是指对事件的归因过于片面化或者以偏概全，主要表现为对自身不合理的评价，过分地贬低、谴责自己等。例如，下属没有完成被分配的任务时，就认为是因为自己的领导地位没有得到下属的认可，或者认为自己的领导能力不足等，由于过分自责或责怪他人而产生焦虑。糟糕至极的结果是指过分夸大事情的后果。例如，认为如果任务没有完成自己就会被撤职，职业生涯就完蛋了等，因恐惧而产生焦虑。

三、自身能力发展不足引发心理焦虑

（一）领导力不足导致焦虑

领导干部作为一项特殊职务，既是领导者，又是被领导者；既是领导者负责分配和管理任务，也是被领导者负责接收和执行任务；其角色的双面性，也要求领导者各方面都具备较强的能力。美国学者詹姆斯·库泽斯（James Kouzes）和巴里·波斯纳（Barry Posner）在《领导力》一书中详细探讨了领导者应该具备的能力，并提出领导者的领导力是指如何激励他人自愿地在组织中做出卓越成就的能力。领导力是领导过程中形成、发展并服务于领导过程的能力的总称，是领导者的吸引力和影响力与被领导者的选择力和反作用力互动形成的合力，与领导过程、领导行为、领导能力、领导知识和领导情境等相关；领导力是最重要的组织资源和核心竞争力之一。特质领导理论认为，领导力的主要特性有：才智、自信、决策力、正直和社交能力。也有其他领导学者如理查德·哈格斯（Richard Hughes）、罗伯特·吉纳特（Robert Ginnett）和戈登·柯菲（Gordon Curphy）在《领导学》中提出基本领导技能和高级领导技能。基本领导技能主要包括：从经验中学习、沟通、倾听、提供建设性反馈、与上级构建良好的关系、与同事构建良好的关系和设置目标等；高级领导技能主要包括：授权、调解冲突、谈判、解决问题、提高创造力和高层团队的塑造等。无论是特质领导理论还是其他领导理论，都表明领导干部在影响力、感召力、前瞻力、决断力和控制力方面需要具备更好的才能，如果领导干部本身某方面的能力有些薄弱，就会因不能够很好地胜任领导职务而焦虑。

（二）认识能力不足导致焦虑

美国心理学家班杜拉（Bandura）于 1977 年提出自我效能感（Self - efficacy）这一概念，指出人们在进行某项活动之前首先会对活动的难易程度及自己的能力进行评估，以此来决定自己采取的应对方式。如果认为自己的能力能够胜任这一活动，可以达到预期的结果，人们就会偏向于积极应对；反之，如果认为任务难度大于自身能力，则会选择回避退缩。自我效能感有高低之分，并会通过影响人们的认知活动、成就动机及情绪情感等，影响人们的思维能力、决策能力及行为结果（如

图1)[①]。人们在面对任务时，往往会选择符合自身能力范围的任务。因此，高自我效能感的人，有强烈的信念和动机相信自己的能力，在面对任务时勇于选择有挑战性的任务，并且愿意通过更多的努力和坚持来完成任务。而自我效能感低的人，在面对任务时的第一反应是怀疑自己，担心自己的能力是否能够完成该任务，并因担心而产生焦虑。如果领导干部不能全面认识自己的能力，则会导致自我效能感不足，由自我怀疑和否定产生的焦虑紧张、烦躁压抑等不良情绪又会抑制其思维能力，导致任务不能够很好地完成，任务的失败又会加剧焦虑情绪，因此陷入恶性循环中。

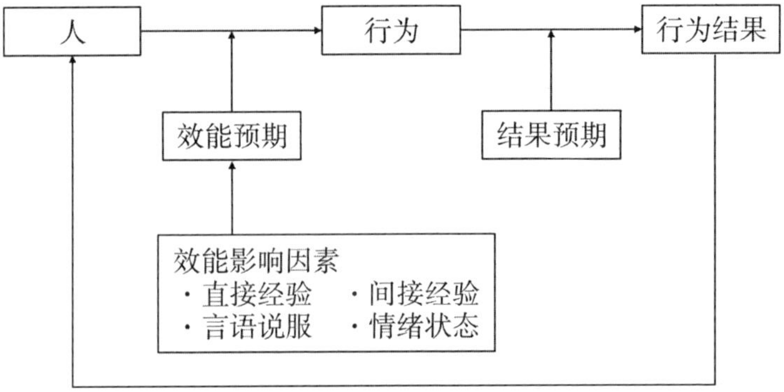

图1　自我效能与行为结果相互影响的关系图

（三）不能与时俱进导致焦虑

一方面，领导干部往往担任一定的职务，掌握一定的权力，既要对自己负责，也要对他人、社会和国家负责。身为领导干部，经常面临权、钱、色的诱惑，但是领导内心的责任感

---

① 刘娇娇：《领导自我效能感与公共管理者双元性创新：观点采择的调节作用》，中国科学技术大学2018年硕士学位论文，第13页。

和道德感与严肃的政策性和纪律性不允许他们有丝毫失误和差错。要做到清正廉洁，就必须经常保持高度警惕，而长期的高度警觉会导致精神过分紧张而引起焦虑。随着职位的提升和权力的增加，各方的诱惑也会越来越大，在抵制诱惑的过程中内心的矛盾与挣扎会带来强烈的焦虑，并且，如果领导干部不能够及时对应地提高自己的抗诱惑能力和应变能力，内心的焦虑与痛苦会愈来愈强烈。

另一方面，领导干部作为“走在前头的人”，其作用不仅仅是在熟知的环境中做出常规的决策，进行日常的管理，更多的是在模糊、未知和风险中，进行非常规的、方向性的决策，作为高瞻远瞩者洞察未被探索过的领域，作为正确定向者在错综复杂的环境中辨明前进的方向。而随着我们国家和社会的发展与进步，新的知识、新的思想与新的技术层出不穷。面对新的形势和新的任务，领导干部也需要不断地学习与进步，掌握新的思想、知识和技术才能够更好地胜任自己的工作职位，引领集体向更高更远的方向前进。但是部分领导干部由于缺乏终生学习意识或者忙于事务，忽略了学习和自身提高，在工作上就会明显地感觉到能力危机。他们可能在面对重大原则问题时缺乏警觉，在复杂问题面前束手无策，在各种机遇面前错失良机，对改革发展无所作为。并且由于现代化知识和管理能力欠缺，导致发展计划思路不清，工作方法古板，改革力度不大，工作效率不高，与同僚相比进步缓慢甚至停滞，与同行相比排名靠后，诸如此类的压力越积越多，导致身心疲惫和焦虑。

四、存在本身引发焦虑

人本主义心理学认为人的本性是自我价值的实现和潜能的发挥，存在本身就会产生焦虑。美国人本主义心理学家布根塔尔（Bugental）提出，存在焦虑有四类：一是对死亡和命运的焦虑；二是对无意义感和空虚的焦虑；三是对谴责和罪疚的焦虑；四是对疏离感和孤独感的焦虑。其中死亡和命运的焦虑是基本焦虑，后面三项焦虑是人们现在主要需要应对的焦虑。因此，人们为了应对各种存在焦虑选择工作，试图通过工作来摆脱无意义感和空虚感，探索自己的潜能，实现自己的价值。尤其是领导干部，立志投身于国家事业，致力于为人民服务，为国家和社会创造价值，以实现自己的人生价值。

在国家与社会不断改革创新的过程中，领导干部也面临着众多为国家、社会和人民谋福利，一展才能实现自己价值的机会。但同时领导干部所处的工作环境也较为复杂，在积极响应国家政策和号召，先行先试的过程中难免会因为缺乏经验、客观条件不成熟等情况导致失误和过失。有时即使做了精细周密的计划，有了大量翔实的根据，但制定出来的办法、开展的各项工作也有可能会在波谲云诡的改革纵深处“触礁”。一方面，领导干部头上接二连三的各项工作任务每一项都头顶“责任状”，头顶着压力；另一方面，日益复杂的群众利益诉求导致管理工作进展难度增大，在工作内容、工作实现途径等方面都遇到一定的阻碍，件件都是难解的“疙瘩”。即使努力创新，结果也可能不尽如人意，甚至导致考核落了下风而受到批评和处分。面对着可预计的困难和不可预估的成功率，创业热情的“火苗”逐渐熄灭，再加上因担心做不好事或犯错误而受到批评，开始逃避创新、畏首畏尾，甚至开始不敢担当、不作为。大展宏图的热情在受打击之后陷入低沉，无所事事，导致无意义感和空虚感增强，疏离感和孤独感加剧，甚至不断地谴责自己，长期处于内疚的状态，最终陷入强烈的焦虑心理。

五、社会环境引发心理焦虑

马克思指出：“人创造环境，同样环境也创造人。”[①] 领导干部不仅肩负带领集体前进的责任，承担了社会与集体的期望与需求，更是被要求服务于集体、国家和社会，由社会与集体的需要来塑造。社会作为领导干部的土壤和依托，抚育和塑造领导干部的同时，也会限制和制约着领导干部的成长与发展，导致领导干部焦虑心理的产生。

（一）社会竞争引起焦虑

社会环境对领导干部的导向和选择作用带来焦虑。在人才济济的社会环境下，有能力之人也需要经历激烈的竞争，通过层层筛选和选拔，不断地提升与进步，最终才能够在得到集体的认可之后获得领导职位。领导干部获得职位之后，为了继续上升，也面临着与同级之间的竞争。竞争的同时，必然存在着压力和焦

① 中共中央马克思恩格斯列宁斯大林著作编译局编译：《马克思恩格斯选集》（第1卷），北京：人民出版社，1995年版，第92页。

虑。据人民网2012年5月13日报道，北京市公安局第四批领导干部竞争选拔，全局共有4495人报考365个职位，比例高达12.3∶1，竞争激烈程度再创新高。央视网2012年7月23日报道，上海市委组织部数据显示，2007年以来，全市共推出了73个市管领导岗位进行公开选拔。各区县也积极推动竞争性选拔干部工作常态化，探索建立了“全程差额”的干部选拔任用机制，市级党政机关内设机构领导职务竞争上岗也已普遍开展。“赛场选优”的竞争性干部选拔方式，让更多的优秀人才进入了组织视野，对基层领导干部而言，既是机遇也是挑战。

（二）社会发展引起焦虑

社会环境对领导的调整与催化作用带来焦虑。社会是不断发展与进步的，社会的需要也是不断变化的。面对改革开放和现代化建设的艰巨任务，领导干部肩负着的推动发展与维护稳定的双重担子也不断地加重，地区、系统、行业、单位等在各种指标方面的要求也不断地趋于严格化和高标准化，且与领导干部的实际绩效和个人升迁相挂钩，给领导干部带来了很大的心理压力，引起焦虑。领导干部作为社会需要的承担者和实现者，其义务与责任也是不断变化的。领导干部需要敏锐地捕捉社会发展的新趋势，不断地学习与适应，调整自己的角色和认知，这种居安思危的忧患意识能够保证与时俱进不落后的同时，也会给他们带来焦虑。

同时，领导干部作为人民的服务者，社会的管理者，国家发展的促进者，随着国家发展、社会进步和人民对美好生活的向往，国家对领导干部的培养与要求也在不断变化。2019年1月16日出版的《求是》杂志发表了中共中央总书记、国家主席、中央军委主席习近平对选人用人的重要文章《努力造就一支忠诚干净担当的高素质干部队伍》，提出要严把德才标准、坚持公正用人、拓宽用人视野、激励干部积极性四点要求。强调选人用人要德才兼备，以德为先，同时也要加快领导干部知识更新、能力培训、实践锻炼；强调组织部门和领导干部在选人用人上要出于公心，坚持原则、实事求是、敢于负责、公正无私，要从党和人民事业出发选干部、用干部，坚持事业为上、依事择人、人岗相适；强调要从党和国家事业发展需要出发，以更高的站位、更宽的视野发现人才、使用人才、配置人才，要多选一些在重大斗争中经历磨砺的干部，要让没有实践经历的干部到重大斗争中去经受锻炼，在克难攻坚中增长胆识和才干，要注重从各个方面选拔专业化人才，优化领导班子和干部队伍知识结构、能力结构、专业结构；强调干部要敢于担当作为，把敢不敢扛事、愿不愿做事、能不能干事作为识别干部、评判优劣、奖惩升降的重要标准，把干部干了什么事、干了多少事、干的事组织和群众认不认可作为选拔干部的依据。新的时代，新的要求，对领导干部而言既充满机遇，也充满挑战和压力，也是引发焦虑的原因之一。

（三）社会舆论引起焦虑

社会环境对领导干部的促进与阻滞作用会带来焦虑。在其位，谋其职，领导干部需要认真地履行自己的职责和义务，才能够走得稳、走得高、走得远。领导干部作为公众人物，承担着许多社会责任，其一言一行都受到社会的关注，领导干部必须更加关注自己的言行举止，避免因自己的言行导致不良社会影响，如“饭局焦虑”“公正焦虑”。尤其是在当今网络迅速发展的时代，社会舆论更是有着导向作用。2018 年 5 月“严书记”事件充分说明了社会舆论的影响力度。“严书记”走红是由于网上流传的一组微信群聊截图，截图内容显示，成都金苹果爱弥儿幼儿园教师“陈某”在家长群里发言称：“以后严某某放学那会单独坐，或者周围的人给她清空，她单独坐一边。”随后，群内署名为“严某某妈妈”的人士发言，要求陈老师马上在全班，当着所有师生给严某某道歉，否则，就通知学校集团领导来解释，对“严书记的女儿”说这话是什么意思。而之后，“严某某妈妈”说，学校处理决定已经出来了，对陈老师作开除处理。其言语和态度也引起了其他家长的不满。截图还显示，“严某某妈妈”曾在群内声称，严某某已经被成都嘉祥外国语学校确定为“内定生”，而该外国语学校是当地一所优质名校。这些消息立即引起了网友的广泛关注、热议与猜想：“严书记”是谁？一时间，网络上掀起了寻找“严书记”的热潮。不久，神秘男子“严书记”的真实身份被网友揭开：“严书记”很有可能是四川省某地级市的领导干部严某风。随后一份署名为严某风的报告中写道：严某风对此次事件毫不知情，幼儿园没有任何老师被开除，“严某某妈妈”是其第二任妻子李某某，两人于 2011 年结婚，育有一女，在 2013 年 12 月时因工作长期分居女方出轨而离婚，后未成年子女严某某随李某某生活。但是这份报告并没有得到广大网友的认可，网友继续爆料道，严书记的女儿就读的金苹果爱弥儿幼儿园属于贵族幼儿园，严书记本人拥有两处价格不菲的豪宅等，由此对严书记的清廉提出质疑。面对网络上的各种舆情，2018 年 5 月 14 日，四川省纪委监委网站发布通报，表示已关注到网友反映严某风舆情相关情况，已及时介入调查核实。严书记落马的背后，既有网友对事件关注度高，也有纪委监委对网络舆情的高度重视与及时调查。积极正确的舆论导向能够引导并促进领导工作的展开与决策等，但消极恶意的舆论则会使领导干部小心翼翼、如履薄冰，从而产生焦虑。

同时，社会作为领导干部的土壤和依托，也决定了社会是领导干部的"大染缸"这一特性。领导干部的焦虑不仅仅由社会对领导干部的直接作用引起，也可能由间接影响引起。社会学习理论提出"模仿""榜样"等概念，认为人的行为和社会态度等是通过学习得来的，包括优良行为态度和不良行为态度。社会学习理论认为焦虑是通过学习获得的反应。在社会环境中，一方面，领导干部作为"带头人"是下属的"榜样"，同时也与同僚们互为"榜样"，需要对自己高标准严要求，具有一定的压力。另一方面，"榜样"之间会互相学习和模仿，当"榜样"受到挫折或者遭遇不良行为结果时，领导干部在担忧"榜样"境遇的同时，也会习得"榜样"的负性情绪，如可能因担心自己对"榜样"的模仿后导致类似的后果而产生焦虑心理。

（四）压力事件引起焦虑

压力是无处不在，无时不有的。压力一般是由一定的事件引起的，包括生活事件，如失去亲人、子女离家、搬家等；也包括社会事件，如房价暴涨、经济增长缓慢、社会政策变革等；甚至是空气雾霾严重、持续降雨等自然因素，结婚、升职等正性事件都可能成为压力性事件。如果压力在一段时间内积累不减，比如持续几个月或几年，压力就会累积下来。长期的压力可能会影响到神经系统，使得人们情绪不稳或者出现广泛性焦虑。领导干部的工作环境较为复杂，压力长期存在，若不能及时调整，有可能成为广泛性焦虑患者，即对大部分事情都长期存在着过多的担忧和焦虑。

在众多类型的压力事件中，突然发生的急性压力事件导致的焦虑更严重。例如，2018 年 10 月重庆万州的一台公交车上，因乘客与司机发生争执，导致整台公交车坠江，造成车辆上 15 名人员无一人生还的悲痛后果。坠江事件一经发生，立即引起了广泛的社会关注，领导干部作为事件的第一负责人需要第一时间提出相应的紧急应对措施，不仅要负责调查追究责任，更是有可能成为被追究责任的一方，而且领导干部需要尽力将事件有可能带来的不良社会影响控制在最低。来自事件当事人的压力、上级领导的压力以及社会舆论关注的压力，给领导干部带来了很大的心理负担，导致其心理紧张和焦虑。近年来，在领导干部的治理区域，包括征地拆迁、环境保护、交通事故、医疗纠纷、学生非正常伤亡等事件出现“闹缠”现象，导致该领域的领导干部的工作难以有效开展，上下两难的局面导致领导干部内心焦虑的产生。

（五）人际关系引发焦虑

美国著名社会心理学家马斯洛（Maslow）提出人有五种心理需求，分别为基本生理需求、安全需求、爱与归属的需求、尊重的需求及自我实现的需求。当需求得不到满足时，会引起内心的矛盾与冲突，导致紧张和焦虑心理的产生。由于人是社会性群居动物，面临着必然的人际交往互动。在远古狩猎时期，人们就通过与他人的交往互动获得食物与安全的信息，满足人的基本生理需求和安全需求。更重要的是，人与人之间的交往能够提供爱和温暖，不仅满足人的归属与爱的需求，也能够在一定程度满足人的尊重与自我实现的需求。美国著名人际关系学大师戴尔·卡耐基（Dale Carnegie）也曾提出，85%的成功源于良好的人际关系，15%源于专业知识。对领导干部而言，良好的人际关系更是必备的素质。但由于领导干部职业与身份的特殊性，往往要处理比普通公众更为复杂的人际关系，稍有不慎就会带来人与人之间的冲突。领导干部作为领导者和被领导者，不仅要处理好与领导的关系，同时更需要处理好与下属的关系。作为被领导者，既要尊重领导的权威，也需要坚持自己的原则；作为领导者，既要让下属有一定的服从，也要让下属有民主的话语权。一面是服从，一面是权威，如果不能在两者之间取得平衡自如切换，就会产生矛盾和冲突，引起焦虑。

领导干部的人际关系大致可以分为三种类型，领导干部的人际关系焦虑大致也可分为三类：一是因职业而起的人际关系，这多是工作间人际关系。现实中很多公共问题是相当复杂的，可行的问题解决方案及应对方式也是多元的。假如领导干部与自己的领导或者同级之间有不同方案并坚持己见，就会产生矛盾，引起人际焦虑。二是因身份性质而起的人际关系，这多是在“官本位”观念影响下，被异化的人际关系。目前社会正处于转型期，很多事物还不够成熟，很多制度也还不够健全。有时严格执行制度、按照规则办事往往行不通，但如果突破制度违规操作，则会带来巨大的职责风险。在这种情况下，如果领导干部不能树立正确的利益观，不能坚持以公共利益为先，则会被妄图一己私利的人诱惑，而在正确与错误之间挣扎而焦虑。三是因感情、交往、伦理等需要而起的人际关系，这多是人作为社会人要处理的人际关系，包括亲属关系、朋友关系等。由于领导干部具有一定的权威，位高权重，易使人敬畏而不易形成亲密关系。有研究表明，孤独和被隔离的人更易焦虑，严重影响其身心健康。因此，领导干部与亲人和朋友之间的和谐关系也尤为重要。

在三种类型人际关系引起的焦虑中，由领导干部的身份性质导致的焦虑是主要的人际关系焦虑来源。在山东烟台有一位有名的“两面社会人”朱某，正是利用当地基层领导干部的权力身份，成为以“黑”掘金、以“红”掩饰的“两面社会人”。朱某 1970 年生于烟台市西泊子村，小学毕业后就开始混黑社会，在 2001 年成为当地的“朱老大”，并成立黑社会性质组织。2006 年 7 月朱某因寻衅滋事被判一年半劳动教养，但是时任解甲庄镇党委书记的李某，在明知朱某正被劳教的情况下，安排镇党委副书记、镇长宋某协调有关机关，让朱某在劳动教养期间 4 次请假 40 余天、8 次减期合计 5 个多月，提前回村帮助处理信访维稳工作，逐步主持村里工作，在 2007 年当选西泊子村村委会主任，涉足海域养殖业、建筑石方工程、房地产开发、矿产开采等行业，并吸纳、招募前科劣迹人员、社会闲散人员进入公司，通过威胁、恐吓、暴力、假借合同纠纷等手段，非法控制多处海参养殖海区及大部分土石方工程。朱某于 2011 年、2014 年当选西泊子村党支部书记和村委会主任，甚至在一些党员领导干部的帮助下当选莱山区人大代表。朱某之所以能以涉黑身份把持西泊子村十多年，视告状信、上访信如无物，离不开背后“保护伞”的撑腰，一批领导干部倒在他的金钱、人情攻势之下，为其粉饰太平、保驾护航。朱某背后的“保护伞”在面对金钱、人情等诱惑时，承受不了内心的矛盾冲突，不能有效调节由此产生的焦虑，最终选择了妥协，造成严重后果。

第四章

焦虑如何影响领导效能

焦虑是一种特别的情绪，伴随着焦虑产生的痛苦体验让我们一直将焦虑视为不良情绪，如今的普遍性焦虑甚至导致其被视为一种“时代病”。但有研究表明，焦虑具有保护性意义。[①]适度焦虑能够让人们提前思考有可能面临的风险及问题，驱使人们根据推测或风险评估采取一定的应对策略或行动以改变自身的处境。但是长时间的严重焦虑则会导致适应不良，将会从认知、情感、行为等多方面对人们身心健康造成不良影响。领导干部及时了解自身的焦虑情绪状态，并正确认识焦虑对自身状态、工作效能和领导效能的影响，有利于其及时进行调整。

一、领导干部焦虑心理的评估

焦虑作为一种情绪状态，属于心理成分，需要通过一定的量化转化才能对其进行评估和测量，并根据测量和评估后的结果才能了解个体的焦虑状态如何。心理学家们通过实证研究设计出多种焦虑测量方法，下面着重介绍三种普遍应用并方便有效的测量方法。

（一）焦虑自评量表

焦虑自评量表即根据个体的自我报告对其自身焦虑情绪进行评估。宗氏（Zung）于1971年编制了焦虑自评量表（Self－rating Anxiety Scale，SAS），包含20道题目，每道题目描述一

① 王妍、杨娟：《人格特质对个体心理性应急反应的调节作用》，《心理科学进展》2015年第8期，第1435－1460页。

条与焦虑有关的症状，测试者根据自身状况分为4个等级对每道题目进行评分，最后通过计算所有题目的总分对自身情绪状态做出判断。量表详细内容及测量方式如下：

请仔细阅读每一条，根据实际情况在适当的方格里打“√”。每一条文字后有4个方格，每个方格内的数字表示：1为没有或很少时间；2为小部分时间；3为相当多时间；4为绝大部分或全部时间。

表1 焦虑自评量表

题目	没有或很少时间	小部分时间	相当多时间	绝大部分或全部时间
1. 我觉得比平常容易紧张和着急	1	2	3	4
2. 我无缘无故地感到害怕	1	2	3	4
3. 我容易心里烦乱或觉得惊恐	1	2	3	4
4. 我觉得我可能将要发疯	1	2	3	4
5. 我觉得一切都好，也不会发生不幸	1	2	3	4
6. 我手脚发抖打颤	1	2	3	4
7. 我因为头痛、头颈痛和背痛而苦恼	1	2	3	4
8. 我感觉容易衰弱和疲乏	1	2	3	4

（续表）

题目	没有或很少时间	小部分时间	相当多时间	绝大部分或全部时间
9. 我觉得心平气和，并且容易安静坐着	1	2	3	4
10. 我觉得心跳得很快	1	2	3	4
11. 我因为一阵阵头晕而苦恼	1	2	3	4
12. 我有晕倒发作或觉得要晕倒似的	1	2	3	4
13. 我呼气、吸气都感到很容易	1	2	3	4
14. 我手脚麻木和刺痛	1	2	3	4
15. 我因为胃痛和消化不良而苦	1	2	3	4
16. 我常常要小便	1	2	3	4
17. 我的手常常是干燥温暖的	1	2	3	4
18. 我脸红发热	1	2	3	4
19. 我容易入睡，并且一夜睡得很好	1	2	3	4
20. 我做噩梦	1	2	3	4

在自由评定结束后计算 20 道题目得分的总和，再乘以 1.25 后取得整数部分即为标准分。一般来说，总分低于 50 分

者为正常，50～60 分为轻度焦虑，61～70 分为中度焦虑，70 分以上为重度焦虑。得分越高，焦虑情绪越严重，需要及时进行调整或干预。[①]

（二）生活事件量表

压力是引起焦虑的重要原因，可通过了解近期压力状况来评估自己的焦虑状态。美国心理学者理查德·霍尔姆斯（Richard Holmes）和托马斯·瑞赫（Thomas Rahe）曾编制了生活事件量表，用来评估个人两年内经历的生活事件数量和严重性，以此评估累积压力的大小。生活事件量表列出了人们基本可能会经历的压力性事件，并通过调研根据多数人的平均值赋予每个压力事件一定的分数。测试者可依据表格选择出自己两年内经历过的事件，将选出的生活事件对应的分数相加得出总和来评估自己的压力状况。

领导干部可以借助生活事件量表来了解自己的压力状况，也可参考生活事件量表，制作自己的压力事件量表，列出自己认为的压力事件，并从 0～100 进行打分，分数越高表明压力越大。然后计算出压力总分，便于更直观了解自己焦虑情绪的严重程度。生活事件量表内容如下：

选出自己近两年经历的事件，并将对应的分数相加得到压力总分。如结婚、换工作、搬家，压力总分则为 50＋36＋20＝106。如果压力总分在 150 分以下，则表示可能不会有压力的困扰，如果压力总分在 150～300 分之间，表示可能会受到慢性压

① 杜璞瑞：《生物反馈疗法降低强制隔离戒毒人员焦虑抑郁水平研究》，南昌大学 2018 年硕士学位论文，第 67－68 页。

力的困扰，不过也取决于自己的调节与应对方式。如果压力总分超过300分，则表示可能承受着累积压力的困扰，并因此处于焦虑状态。①

表2 生活事件量表

生活事件	平均压力分数	生活事件	平均压力分数
配偶的死亡	100	工作职责的改变	29
离婚	73	子女离家	29
分居	65	惹上官司	29
被监禁	63	个人取得杰出的成就	28
家庭中亲密成员的逝世	63	配偶开始或停止工作	26
个人受伤或生病	53	开始或结束学业	26
结婚	50	生活条件的改变	25
失业	47	个人习惯的改变	24
婚姻问题	45	与老板之间有麻烦	23
退休	45	工作时间或工作条件的改变	20
家庭成员的身体变故	44	搬家	20
怀孕	40	转学或升学	20
性生活困难	39	娱乐活动的改变	19
家庭中增添新成员	39	宗教活动的改变	19
生意的重新调整	39	社交活动的改变	18

① ［美］艾德蒙·伯恩著：《心理医生为什么没有告诉我》，邹枝玲等译，重庆：重庆大学出版社，2009年版，第31－36页。

（续表）

生活事件	平均压力分数	生活事件	平均压力分数
经济上的变故	38	为小宗购买（像车、电视机）而贷款或借债	17
密友的逝世	37	睡眠习惯的改变	16
工作的变动	36	家庭成员聚会次数的变动	15
和配偶发生的分歧和争论次数增多	35	饮食习惯的改变	15
为大宗购买（比如房子）而抵押贷款	31	度假	13
回赎抵押或还债	30	节假日	12
		轻微的违法	11

（三）视觉模拟评定法

视觉模拟评定法（Visual Analogue Scales）最初是用于临床上评估疼痛的手段，后来被研究者广泛应用于情绪的测量。如使用七条标记着 0 ~ 10 的 10 厘米直线，每条直线代表一种情绪，0 ~ 10 的数字代表情绪的程度。测量的情绪包括焦虑，沮丧，悲伤，高兴，愤怒和担忧，测试者在 0 ~ 10 之间标记出某个情绪的程度，该情绪的分数即为离标记点最近的整数，一般 6 ~ 8 分为可关注时期，超过 8 分则需要调整。使用该方法能够将情绪可视化，更易进行评估。领导干部可依据此方法制作一个简易的纸质可移动标尺，每天对自己的焦虑进行测量，监测自己的情绪发展趋势，及时进行调整干预。[①] 下面通过详细案例介绍上述三种焦虑测量方法的使用。

假设林业局的张科长，今年30岁，工作了5年，最近得知上级领导要提拔自己，张科长既惊喜又感到压力重重。同时，张科长结婚两年，今年刚当上爸爸，为了兼顾照顾老婆、孩子与工作，搬到了离单位较近的地方居住。由于工作位置较为偏远，生活条件相对之前较差一些，因此和老婆的争吵次数也增多。工作和家庭两方面的压力让张科长有些吃不消，晚上因为要照顾孩子，睡眠减少，还经常做噩梦，导致白天精力不充足，总是感到疲乏和虚弱。张科长因感到自己状态不佳，且无法自己调整，找心理咨询师咨询。

根据张科长的情况先使用第一种焦虑量表对其焦虑情况进行测量评估，让张科长根据自己的真实情况对每一道题进行选择，最后测得结果若超过70分，则需要进行干预和调整。

如果使用第二种测量方法，根据张科长的自述，可知张科长最近两年经历的压力性事件有结婚、工作职责的改变（升职）、搬家、家庭中增添新成员（当爸爸）、和配偶发生的分歧和争论次数增多（和老婆争吵）、睡眠习惯的改变（因照顾孩子睡眠减少），对应的压力分数分别为50、29、20、39、35、16，总分为189，处于慢性压力的困扰状态。

使用第三种测量方法，如图2所示，让张科长在类似的焦虑、疲倦、担忧等情绪模拟评定表上做记号，根据分数等级做出评估。如果张科长标记的得分在8分以上（如图2中粗线标

---

① 刘冰洁：《状态焦虑影响创造性认知过程的fNIRS研究》，陕西师范大学2017年硕士学位论文，第3－4页。

记)，即需要关注和调节。具体的调节方法可参考下面章节。

请根据你真实的焦虑情况在您认为的焦虑程度处做标记

图 2　焦虑视觉模拟评定

二、焦虑心理对领导干部身心健康的不良影响

（一）焦虑会损伤生理机能

焦虑可以引起压力反应，使得交感神经系统释放压力荷尔蒙，比如皮质醇，来提升血液内血糖和甘油三酯的浓度，以做好应对问题的准备。但是长期慢性焦虑释放的皮质醇会导致领导干部的健康问题，如头疼、高血压或恶心、呕吐、腹泻等，也可能导致消化不良、食欲减退或睡眠障碍等。而且也有可能导致大脑与记忆、认知等有关的结构发生变化或者功能衰退，导致记忆力下降、注意力不能集中等，甚至会提升罹患精神障碍的可能性，如焦虑症、抑郁症等。

（二）焦虑降低情绪管理能力

焦虑是一种易被自己察觉和识别，且易伴随其他情绪一起产生的情绪，比如领导干部面对自己任务失败，但同级同事成功时体验到的嫉妒等不良的情绪，可能会被自己理解成是自己遭遇挫折引起的焦虑，由此来否认自己的能力问题，达到自我防御。这种情绪的掩饰与混淆，导致人们不能正确识别自己的情绪，也就无法进行管理和调整，情绪管理能力逐渐下降。

焦虑不仅可能通过影响人们对情绪的知觉和理解导致情绪管理能力的降低，也可能通过影响人们对情绪的应对方式与调节策略导致情绪管理能力的降低。情绪的调节与应对是一种重要的能力，美国心理学家拉扎勒斯（Lazarus）将情绪调节策略分为以问题为中心和以情绪为中心两种，以问题为中心是指人们尝试通过解决问题来改变情境及随之产生的情绪；以情绪为中心是指人们通过改变自己的认知或者行为来减少不舒适的情绪体验。正常情况下，人们一般会采取以问题为中心的应对方式，即努力想办法解决问题，但当人们无法解决问题或改变情境时，便会转向以情绪为中心的应对方式。以情绪为中心的应对方式包括积极应对和消极应对。比如当领导干部某项任务没有完成时，可能会产生挫败感、焦虑等不良情绪，任务没有完成的事实已无法改变，这时领导干部则会以情绪为中心的方式来应对。消极的应对方式是以后再有类似或者有难度的任务会选择回避不去接受；积极的应对方式是通过改变自己的认知，将此次任务没有完成看成是认识到自己不足之处并更好地学习与成长的机会。积极地改变自己的认知方式，不仅能够降低不良情绪的体验，更重要的是采取适应性的应对方式，有利于领导干部的适应性发展。而有研究表明，焦虑与消极的认知情绪调节策略也密切相关。[①] 当领导干部处于焦虑情绪中时，解决问题的能力受到焦虑情绪的影响而降低，以情绪为中心的应对

---

① 刘文、张靖宇、于增艳、高爽：《焦虑、抑郁与消极认知情绪调节策略关系的元分析》，《中国临床心理学杂志》2018 年第 26 期，第 938 – 943 页。

方式也偏向于消极认知和回避，不利于领导干部的适应性发展。

（三）焦虑心理对领导干部领导自我效能感的影响

领导自我效能感是自我效能感的一部分，是领导干部对自己是否具备成功领导者所需能力的判断，包括领导干部对自己在设定领导目标过程中领导能力的评估，与下属建立友好的关系以获得支持时领导能力的评估，以及与下属共同工作以克服困难的过程中领导能力的评估。影响领导自我效能感的因素有很多，如直接经验、间接经验、言语说服和情绪激发等。有研究表明，焦虑水平高的人其自我效能感也较低，焦虑水平会影响人的自我效能感。

领导干部作为领导者，需要完成一定的领导目标，其领导自我效能感就很重要。焦虑对领导干部领导自我效能感的影响会进一步影响到其领导认知、领导行为和组织绩效。领导自我效能感能够提高领导动机和领导有效性，使领导干部有较强烈的领导意愿。焦虑会通过影响领导干部的领导效能感来影响其领导行为。当焦虑导致领导自我效能感降低时，领导干部的努力程度和坚持程度也会随之降低，即便遇到困难也不愿坚持不懈地寻找应对策略。遇到问题时，领导干部首先会怀疑自己是否能够顺利解决问题，持续焦虑、紧张的情绪状态无法缓解和调整，最终限制领导能力的发挥，从而影响整体的领导行为结果。此外，焦虑引起的低领导自我效能感，会诱使领导干部在设置发展目标时标准降低，降低集体的任务效能，导致团队发展缓慢，影响集体进步。

三、焦虑心理对领导干部领导效能的影响

领导干部的一言一行都有影响力。领导干部在复杂的工作环境中，需要经过一系列的工作过程，包括决策、用人、动员、指挥、组织、沟通、团结、控制和反馈等，来实现自己的领导影响力，完成领导目标，达到领导效能。这一过程中涉及的任何一个环节都受到领导干部自身心理状态和情绪状态的影响。焦虑作为影响身心状态的重要因素，对领导干部而言，会产生明确指向的影响力，对领导干部的领导效能有重要影响。

（一）焦虑影响领导干部的办事效能

领导干部作为领导者的职能活动，主要包括进行组织指挥、协调激励等具体处理和解决问题的工作，即办理各种领导事务，办事效能是领导效能中重要的内容。

“新官上任三把火”，领导干部初任职时会有较高的目标，较宏伟的计划，怀有满腔热血和激情，期待领导集体大展宏图。这一成就动机和领导动机是领导目标和领导效能得以实现的基础，但在实际工作过程中会遇到各种困难，经历各种波折，遭遇各种挫折。被打击和挫败感不仅会大大降低领导干部的自我效能感，使领导干部怀疑自己的能力，而且伴随挫折产生的焦虑情绪也会影响其工作热情，导致成就动机和领导动机下降。领导干部面对困难和问题，沉浸于自己的畏难情绪及对结果不确定的焦虑情绪之中，不能很好地承担领导的责任和义务；不能带领集体迎难而上，努力拼搏，共渡难关；面对各种

事务拖拉回避，导致办事效率低、失误率高，严重影响了领导者及下属的办事效能。

（二）焦虑影响领导干部的用人效能

领导是领导者与被领导者双向互动的过程，是一种社会互动。领导干部在领导活动中需要对人进行合理地选配和使用，领导目标和领导效能的实现，也需要双方的及时沟通和有效的互动，该过程体现的即为用人效能。一方面，有研究表明，焦虑情绪对社交能力和技巧有一定的损伤，会导致焦虑者的感知能力和社会信息理解能力有所降低。领导干部在实行领导行为的过程中，不仅需要通过口头语言、书面语言等与下属进行沟通交流，获取信息，更需要通过非言语信息来获得下属的真实感受和观点。然而焦虑情绪会降低领导干部对类似非言语信息的捕捉和理解，领导干部不能够及时掌握下属的观点看法，致使沟通受阻，影响到领导干部与下属之间的信息互动，导致任务不能够有效地完成。

另一方面，焦虑情绪也会削弱个人在社交场合中的积极主动性。处于高焦虑状态的人在与他人接触时更容易缺乏信心，低估自己的表现，对自己有较低的自我评价，且不易信任他人。当领导干部处于高焦虑状态时，可能会因对自己缺乏信心而回避与下属的互动，甚至是对下属产生怀疑心理。在领导过程中，知人善任，用人不疑相当重要。因为领导活动是需要依靠各级人员的活动实现的，能否选择适当的人员从事适当的工作，并使各类人员合理配置、组合，能否充分调动各类人员的积极性和创造性，不仅关系到领导目标实现的速度和效果，而且直接影响到组织的社会存在价值，影响到领导效能能否实现和领导活动的成败。

（三）焦虑影响领导干部的时间效能

领导干部作为领导者承担的任务和工作较多，合理分配和利用时间是实现领导过程和领导目标的重要因素，时间效能是衡量领导者管理效果的一个重要指标。焦虑对领导干部时间效能的影响一方面体现为对领导干部时间知觉的影响，另一方面体现为对领导干部时间管理的影响。有研究表明，焦虑情绪会削弱人们对特定事件持续时间长短的判断能力。例如，当领导干部接受某项难度较大的任务后，由于担心任务能否在规定的日期内完成而处于焦虑之中时，一方面，焦虑情绪可能导致领导干部对完成任务需要的时间有过长的估计，这种错误估计又会加剧任务的难度，导致领导干部的心理压力加剧，随之产生的焦虑情绪也会加剧。而且，完成一项任务通常需要具体安排各个工作内容的具体时间，对每一项具体工作内容所需时间的错误估计会导致工作进展缓慢，工作效率低下，甚至最终真的无法按时完成任务。另一方面，由于焦虑情绪会限制人们的认知能力，影响人们的思维等，因此也会影响到领导干部对时间的合理分配能力，导致领导干部的时间效能降低。

（四）焦虑影响领导干部的决策效能

焦虑通过影响领导干部认知资源的分配影响其决策行为。领导干部在工作中做决策时需要全面认识当下的局势，正确分析各种决策行为可能产生的结果及影响，权衡利弊，最后做出最优选择。在这一过程中，领导干部需要利用自己已具备的知识、过去经历提供的经验，对问题进行分析、判断和选择。每一个环节都需要消耗一定的认知因素，且根据每个环节的重要性或者时间性，所消耗的认知因素比例也是不同的，领导干部要做出最佳决策，需要合理分配认知因素。焦虑水平的提高会影响决策者认知资源的分配，使决策者分配到信息处理和信息评价方面的认知资源减少，使决策者无法全面认识当下局势，不能够全面地考虑各种可能性，而且在应对问题时也往往是毫无策略地尝试解决方法，急于做出决定，导致最终做出片面的决策行为。

焦虑通过影响领导干部的信息加工影响其决策行为。有研究者已经证实，焦虑水平的提高会使人的信息加工出现显著的信息偏向，如处于高焦虑状态的人对威胁性信息更为敏感，警惕性更强。领导干部处于高焦虑状态时，会由于夸大可能产生的后果的严重程度，而更倾向于做出保守决策。另一方面，处于高焦虑状态的领导干部在面对模糊的情景时，更容易将其视为不好的情境，这可能导致领导干部因错估形势而做出错误的决策行为。

焦虑通过影响领导干部的风险评估影响其决策行为。有研究发现，处于高焦虑状态的人在对决策的潜在风险进行评价时，容易表现出更悲观的态度。也就是说，当需要领导干部做决策时，领导干部会认为决策带来的结果多是不利的，并因此不愿做出决策，以致影响到领导效能和领导目标的实现。焦虑情绪也会影响到领导干部对风险的概率评估。比如，在一项研究中向参与者提供两种方案：A 方案是参与者有 6/10 的概率赢得 5 块钱，B 方案是参与者有 3/10 的概率赢得 10 块钱。虽然能够看出这两种方案的效用是等价的，但是研究结果发现被诱发焦虑情绪的参与者更多地选择 A 方案。也就是说，焦虑情绪使参与者在决策评估时降低了 3/10 的概率赢得 10 块钱的效用，在决策中偏向于选择低风险、低回报的方案。但是如果反过来告诉参与者：A 方案是有 6/10 的概率输掉 5 块钱，B 方案是有 3/10 的概率输掉 10 块钱，参与者会更多地选择 B 方案，相当于低估了有 3/10 的概率输掉 10 块钱的风险概率。如果领导干部处于焦虑情绪中，可能因此无法做出最优的决策。

第五章

领导干部应学会调整对焦虑的认知

2019 年初，中国科学院心理研究所、社会科学文献出版社共同发布了我国第一部“心理健康蓝皮书”——《中国国民心理健康发展报告（2017—2018）》，该报告指出，必须积极关注公职人员的焦虑情况，并为公职人员提供心理服务。超过一半的调查者认为需要学会自我调节，这也与本书的目标不谋而合，就是想让领导干部更好地认知焦虑并学会应对焦虑问题的方法。学会科学的应对方式的前提是对焦虑有合理的认知，那么我们该如何去认识和对待焦虑呢？在面对焦虑时，该如何调整不合理的认知呢？本章将逐一介绍。

一、点刹不要急刹——减轻焦虑的过程应该循序渐进

害怕自己将遭受痛苦的人，其实已经在受着这令人害怕的苦了。

——《蒙田随笔》蒙田（Michelde Montaigne）

《人民日报》曾经报道过，七成基层领导干部对“社会舆论不公平不公正”感到焦虑。调查数据显示，有三成的基层领导干部“焦虑情绪重”。当问到“当前您最大的焦虑是什么”时，有七成的受访基层领导干部选择“社会舆论环境不公平不公正”（71%）。这一数据印证了记者在实地调查采访中深切感受到的基层领导干部们普遍存在的焦虑，特别是自身群体被误读的现象，带给他们深深的困惑。在调查中，当记者请受访的基层领导干部简要概括自己工作生活的真实状态时，调查结果

显示，“晋升空间小”（49.33%）、“工作条件差”（42%）、“焦虑情绪重”（31.33%）、“发展压力大”（30.67%）、“培训机会缺”（29.67%）排在前五位。这五个选项，既是基层干部们对自身现实处境的感受，也是他们对提升自身境遇的希冀。

“人往高处走”是每个人的必然选择，但在金字塔形的行政管理体系中，职位资源的配置在基层显得极为紧张和稀缺，基层干部群体在整个队伍中似乎成为人才的“低洼之地”，很难有“出头之日”，很容易成为“天花板干部”。除了“晋升空间小”之外，基层领导干部们普遍背负着很大的发展压力，但是又没有良好的工作条件和充裕的发展机会去应对这些发展压力。当时的这样一篇报道，现在读来，仍能鲜明地感受到基层干部的焦虑感是多么的严重。焦虑是个普遍存在的问题，每个人都经历过，许多人都被不同程度的焦虑所困扰。焦虑是我们对生活和心灵“管理不当”的产物，对现实的不安和未来的不可预期是形成焦虑的根源。

我们在这个世界上经历的一切都会被我们的想法和信念过滤，我们体察的是事件本身，而情绪和行为是由我们的想法引起的。理性情绪疗法的创始人阿尔伯特·埃利斯（Albert Ellis）认为：“情绪直接来自于我们自己的想法、观念、态度和信念。”不同的思维方式和行为习惯能够导致完全不同的生活状态。生活本身不会产生焦虑，焦虑是人自己想出来的。斯多葛学派大师爱比克泰德（Epictetus）曾经警告世人：摆脱错误的心理观念，比割除身体里的毒瘤更重要。海伦·凯勒与拿破仑就是这个道理的正反面范例。集荣耀、富贵、权力于一身的拿破仑曾遗憾地表示：“在我的一生中，根本没有六天快乐的日子。”然而盲、聋、哑的海伦·凯勒却说：“人生是多么美妙啊!”很多人在面对困境时，都会耸耸肩，接受现实，然后积极地寻找解决办法，而有些人则会被动地沉沦于现状，不断被沮丧和痛苦折磨，形成习惯性焦虑。

每个人都有自己的期望和担忧，它们深藏于身体的每一个角落，并不断与我们的生活发生关系，任何小事都可能引发它的“爆炸”。因此，我们必须充分认识它，当人越是处于无法摆脱的现实困境时，越要以冷静的心态面对焦虑的存在，而不是采取逃避和纵容的态度。

首先，要接受焦虑存在的事实，即完全接纳它。焦虑广泛存在于我们这个社会中，广泛存在于社会的每个个体中，几乎每个人都曾产生过焦虑情绪，因此，不要认为只有自己一个人如此受焦虑折磨，应该大方地接纳它、认识它。正如森田疗法中所传达的核心——顺其自然。顺应情感的自然规律，对自己出现的焦虑、烦躁、恐惧等各种消极情绪不再做出刻意的抵抗行为。我们需要的不是排斥，不是压抑，而是在接纳的基础上的转化，然后软化它。接纳有时会有奇迹般的效果，长期得不到接纳的那些消极意象，一旦被主体接纳，就会马上出现一些变化。应用心理学之父威廉·詹姆斯（William James）1910 年就已离开人世。如果他能听到这种应对方法，我想他也必定赞同，因为他曾经教导学生：“要学会接纳现实。”“接纳不幸的现实是克服不幸的第一步。”同样的办法也见于林语堂的《生活的艺术》，这位中国文学家说：“心灵的平安溯生于接受困境，因为它能充分发挥心灵的潜力。”一旦我们接受最糟糕的状况，我们也就再无可丢弃了，这自然意味着我们能够更加冷静地面对自己的状况，观察自己的内心。

然后，请为焦虑留出空间。既然它已经出现了，就有它存在的理由，暂且随它去吧。就让它暂时待在那里，直到自己想清楚焦虑为何会出现并学会如何解决它。不必强迫自己爱上它，甚至不用喜欢它，只需要简单地接受它的暂时存在而已。美国内华达大学心理学教授斯蒂文·海思（Steven C. Hayes）及其同事创立了接受和实现（承诺）疗法（ACT）。它的核心观点是：消极的想法与情绪会贯穿人的生命始终，与其挑战它，不如坦然接受它，并集中精力追求自己所重视的人生，实现人生价值。也就是说，ACT 疗法不会直接改变某位深陷焦虑情绪的人的焦虑感，而是鼓励他去细细感受这种情绪，同时要求他客观地去观察这种焦虑是如何发生的。因此，ACT 疗法不是通过抗拒消极的想法与情绪，而是通过接纳它，最终达到内心世界的平衡。借鉴这一疗法的核心思想，领导干部在感受到焦虑情绪的时候，可以让自己试着慢慢接纳它，接受它暂时存在一会儿的现实，然后感受它的模样，直至自己想清楚它为何出现，又该如何“对付”它。

最后，不要急于求成，想一蹴而就地解决掉“焦虑”这个麻烦。许多领导干部一旦感受到焦虑情绪，就立即陷入恐慌中，因为他们或多或少都出现了一些明显症状，例如呼吸急促、噩梦连连等。此时他们恨不得立即有“特效药”让他们摆脱焦虑的困扰。可是，想一蹴而就地彻底消除焦虑情绪是不可能的，必须要运用适当的方法，循序渐进，逐步将焦虑感降低。无论用哪一种方法来降低焦虑感，都需要保证一定时间的练习，熟练掌握方法，一步一步地获得成功。

常常会有人告诉我们，在心情不好或者感到痛苦的时候要“克服困难、坚持到底”，或许还经常会听到“流露内心的情感是羞耻或者脆弱的表现”这样的思想。因此我们会很自然地假设，如果别人知道自己有过度焦虑的话，后果将不堪设想，尤其是领导干部，在社会大众眼中是权威的体现，更加不能让别人看到自己的不足，不知不觉中便产生了“自己是不能够有弱点的”这样的信念。然而，果真如此吗？美国心理治疗大师欧文·亚隆（Irvin Yalom）是当代存在主义心理疗法的代表人物。在成为正式的心理治疗师之前，他接受过一定时间的分析性治疗。在这个过程中，他开始认识到自己身上一直被自己忽视的问题：他曾经有过不理智的贪婪念头。这样的念头产生于他父母去世时，他想把父母微薄的遗产全部占为己有。意识到这一点后，他无法克制地从道德上批判自己、贬低自己。心理治疗师史密斯（Smith）在听亚隆诉说内心满腔的愧疚时，他什么也没有说。等亚隆平静下来后，他以淡然的语气说道：“这就是我们的本性，人人都会如此。”亚隆感觉自己的内心再次激荡了起来，之前的自我批判瞬间被瓦解了，他终于能够体会对不完美的理解和包容的心态是如何产生的。我们每个人都会有不足，这本身就是事实，因此，我们必须接纳真正的自我，能够接受自己的现实状况，不因自身优点而骄傲，也不因自身缺点而自卑，全然接纳自己的所有情绪情感，全面认识自我、感受自我，正视缺陷，承认不完美，不要和自己过不去。

心理学大师埃利斯（Ellis）在80多岁高龄时写了一本畅销书，中文版的书名为《别与自己过不去》。在这本书的最后一章中，他将自己最为欣赏的心理健康格言进行了整理。在成功学泛滥的当今社会，每个人恨不得把自己全副武装，急功近利的价值取向导致现代人的焦虑情绪、焦虑的生活方式和不安的生存状态。如何解决这些情绪困扰，更加坦然地积极生活呢？埃利斯给我们提供了一种人生哲学，即接纳、满足和平和的思维态度。下面摘录几段埃利斯的心灵格言，希望能让各位读者有所启发和帮助：

不管在我的身上发生了多么糟糕的事情，使我的利益受损，使我的理想破灭，它们都只是很糟糕，而不会糟糕到绝对不会发生，除非我这样愚蠢地认为。既然它们真的发生了，就不是可怕的。可怕意味着百分之百的糟糕或者是比应该的那样还要糟糕。

就算是最糟糕的事情发生了，我也总是能承受住它的打击，继续活下去，并从生活中找到一些快乐的事情，只要我坚信自己能够做到这一点。

如果我下决心要让自己不再像以前那样不安并且遇事更加坦然，如果我不断地为实现这个目标而努力，我就很可能会成功。但我并非超人，所以我也就不可能对生活中发生新的逆境完全做到镇定自若、纹丝不动。只要我仍是一个易犯错误的人我就做不到这一点。

二、挫折并非失败——克服焦虑重在坚持

永远不要认为我们可以逃避，我们的每一步都决定着最后的结局，我们的脚步正在走向我们自己选择的终点。

——米兰·昆德拉

几万年前，人类所处的生存环境处处充满危机，焦虑感在那时就已经在人类的大脑、内心和行动中存在了。与大象和犀牛这类动物相比，人类是一种薄皮动物，很容易受到外界的伤

害甚至是被当作食物杀死。因此，不管过去的日子是好是坏，为了生存，本能让人类时刻保持着焦虑感。可见，焦虑也不都是有害的，根据对现有状态的影响程度，可分为健康的焦虑和不健康的焦虑。健康的焦虑包括谨慎、警惕等情绪。不健康的焦虑包括恐慌、惊骇、震惊、恐惧、战栗、哽咽、麻木以及各种使人置身于警戒状态的身心痛苦。可以确定的是，在这种焦虑影响下，人会警惕一切潜在的危险，但通常情况下过多的焦虑反而会干扰人应对危险的能力。幸运的是，大多数严重的或不健康的焦虑心理都是自我塑造的，更加值得庆幸的是，大多数领导干部完全有能力去消除或缓解这种焦虑心理。

焦虑会给人带来身心的痛苦，因此，重度的焦虑总是会迫使人们趋向于逃避，从而摆脱这种焦虑带来的痛苦，即使这种摆脱只是暂时的。这种暂时性的回避行为，导致减轻焦虑感的即时性结果，同时也使得焦虑行为得到强化，人们就不能及时发现产生焦虑的原因，不能学习有效应付焦虑的方法。长久以往，焦虑感反而会增加而不是消减。比如，张某对电梯有焦虑感、恐惧感，即便他从来没听说过有人曾在乘电梯时受到伤害或导致死亡，他也会尽量避免乘电梯。每次张某这样做的时候，往往会对自己说："如果我走进电梯，很可能会有可怕的事情发生在我身上，所以我必须避免乘电梯，以防这些可怕的事情发生!"因此，张某不断地对自己重申电梯可能带来的可怕后果，这样反而增加了他对电梯的焦虑感和恐惧感。请记住，逃避那些让自己恐惧的事情绝不会减轻焦虑。

瑞士心理学家卡尔·荣格（Carl Jung）曾意味深长地指出："神经症总是合理痛苦的替代。"这说明生活中产生焦虑、恐惧本来就是自然的事，这些情绪体验和疼痛一样是令人痛苦的，但又是人类生存所必需的，不应试图否定、逃避它们。所有的焦虑必须被承认、被接纳，随着我们不厌其烦地去觉察它、毫不懦弱地直面它，终能将焦虑拿下并融入自己体内。

（一）挫折并不是彻底的失败

我们经常犯的最大错误之一就是将“糟糕”的日子和“灾难”视为不正常的存在。正如有句谚语所说的：“每个人的生命中都有阴雨天。”否则，土地将会干涸到寸草不生。对我们而言也是同样的道理，挫折在每个人的生命中都是必不可少的，然而，那并不代表有挫折的人生就是彻底失败。

小王是一名基层领导干部，他讲述了自己的一段经历：“有一段时间我特别担心，那时候我们正好在进行一个重大项目，工作进展得并不顺利，我手头的事情也比较繁杂，还在一次会议上因为弄错了文件而受到领导的严厉批评，这让我感到非常沮丧。我真的感到很累，回到家还经常与家人吵架，感受不到家庭的温暖，这些接踵而来的事情令我感到挫败，我真是一个很失败的人。”他一度开始自怨自艾，担心接下来的工作、生活该怎么办，感到人生毫无希望可言，联想到那些失败后的惨状：别人的嘲笑、对手的鄙视、爱人的责备以及自我的否定，他更加感到焦虑，感到自己是个彻底的失败者。

小王的案例其实很多人都经历过，一次挫折就令我们感到彻底的失望，片面地定义为彻底的失败。其实每个人都会犯错，每个人也都会经历挫折，但这些对我们的人生而言都只不过是一个瞬间的记录，就像是一张照片，这张照片展示的只是生命中的一个瞬间，过去和未来并不在内。但如果我们因此就把自己看作是一个毫无用处的人，或者觉得自己是个彻底的失败者，毫无疑问，一定会觉得焦虑、沮丧、难过。而当人的头脑中充斥着这些消极想法时，就会有更多负面情绪随之而来，将自己压得喘不过气来。很多领导干部在遭受挫折之后，会增加心理上的压力，使人产生紧张、焦虑、不愉快的情绪体验，影响自己的正常生活和工作。

当领导干部没有达到既定目标时，会产生酸葡萄心理和甜柠檬心理，即得不到的就是坏的，或者强调自己已经得到东西的好处，以此来降低自己的焦虑感。如果领导干部只是客观单纯地对自己的行为进行评价，那么几乎不会有严重的情绪困扰，之所以很多领导干部受到焦虑情绪的影响，就是因为他们将对自己行为的评价延伸到对自我价值的评判上，认为犯过错误就是彻头彻尾的失败，随即就会引起情绪上的问题，比如焦虑情绪。

可以设想自己家里有一个花园，花园里种了各种植物，有玫瑰、月季、多肉植物、仙人掌等。不同的植物有不同的种植要求，但自己并不可能都很精通，有的种了就不用再多管它；有的却要仔细种养，否则不容易养活。到了春暖花开的时候，花园里姹紫嫣红，花朵开得美丽无比，但却发现多肉植物存活的比较少，很多从根部就开始烂了。即使是这样，一看到满园子各色鲜花，心里还是很开心的。至于那些没长好的多肉植物，我们会因为它们而将整个园子都毁了吗？想来是不会的。我们需要做的，应该就是重新评估这一年来花园种植的情况，哪些容易种，哪些不易种，第二年种植的时候，有针对性地注意这些问题，避免它们根部腐烂。失败乃是成功之母，它并不可怕，挫折之后产生消极情绪也非常正常。当自己的脑中出现了各种扭曲的想法时，我们要做的就是进行自觉的觉察、质疑和辩论，告诉自己：挫折只是提醒我，下次可以做得更好。

（二）树立长期坚持的信念

心理学上有许多有效的方法来应对焦虑情绪，本书第六章会做进一步详细的介绍。那么，是不是当我们的焦虑缓解并消除后它就不会再出现了呢？非常遗憾，答案是否定的。一般而言，降低焦虑感、消除焦虑情绪是一个循序渐进的过程。当我们体会不到焦虑情绪后，生活就恢复到以往平和的状态，然而，当我们再次遇到一些挫折时，焦虑情绪依旧会产生，带给我们一些不愉快的体验。因此，面对焦虑，我们要树立长期坚持的信念，做好它会长期反复的心理准备，并且熟练掌握一些应对焦虑的方法，以便应对一些较轻程度的焦虑感。

富士康员工跳楼自杀事件曾经轰动一时，引起社会大众的广泛关注。一位加州大学的教授很不理解："一个人如果用跳楼的勇气去活着，用结束自己生命的胆量去战胜困难，他的生活还会这么不堪吗？"因此，我们无论面对什么样的困难，都应该树立坚持的信念，也许多一秒的坚持就会带来转机。

有一个故事是这样的：有一个船员在出海的时候遇上了风暴，帆船的桅杆几近断裂，船长命令他去修复桅杆，而没有经验的他在爬上高高的桅杆后，不断地向下看，奔腾的海水、狂烈的海风、摇晃的帆船，很快将他带进恐慌的状态，几次差点从桅杆上坠落。这时一个老船员向他大喊："年轻人，往上看，不要看下面，那会害死你！"当船员专注于上面的桅杆后，那种摇摇欲坠的感觉消失了。这个故事提醒我们，不要一味地盯着自己的困境——焦虑，学会设立长远的目标，树立坚持的信念，这样我们才能战胜眼前的敌人，并且获得长远的胜利。

犹太精神病学家维克多·弗兰克尔（Viktor Frankl）在他名为《活出生命的意义》的书中讲述了自己作为一个囚犯被囚禁在奥斯维辛集中营的日子，在那里，囚犯们忍受着巨大的恐惧。他观察到，那些对苦难有哲学、宗教或灵魂意义上的理解的人，比如“我一定要活下来拯救他人”，无论是情感上还是肉体上，他们都更有可能在严酷的折磨中幸存下来。因此，当我们在面对焦虑情绪的时候，可以试着对所爱的人、美好的生活、可贵的亲情等抱有信念，当我们逐渐学会应对焦虑感的时候，可以树立一个长期坚持奋战的信念，而非“轻敌”导致功亏一篑。所以，让我们树立正确合理的信念吧，相信神奇美妙的自己，相信这种信念可以替换掉焦虑、紧张甚至恐惧的情绪。

三、多读书，读好书——树立终生学习的理念

学而不已，阖棺而止。

——孔子

（一）多读书读好书有助于我们克服焦虑

电视剧《爱情公寓》中有这样一段台词：“抗焦虑，多读书，多看报，少吃零食多睡觉。”当时一度引起观众的笑谈，但它确实话糙理不糙，读书是从古至今不少名人对我们的忠告。冰心就曾写过“读书好，多读书，读好书”的话语，令读者感受到读书的重要性。孙中山先生也承认读书是他一生的嗜

好，除了革命外，只有好读书，一天不读书便不能生活。更不要提古时的大家们对读书有多么的推崇了，不少的名言诗句都将多读书的理念传递给了我们。同样，领导干部要对抗焦虑情绪，也需要多读书，多学习，树立终生学习的理念，逐渐掌握化解焦虑的有效方法。

这里有个小故事与读者分享：鲁迅先生从小认真学习。少年时，在江南水师学堂读书，第一学期成绩优异，学校奖给他一枚金质奖章，他立即拿到南京鼓楼街头卖掉，然后买了几本书，又买了一串红辣椒。每当晚上寒冷时，夜读难耐，他便摘下一颗辣椒，放在嘴里嚼着，直辣得额头冒汗。他就用这种办法驱寒并坚持读书。由于苦读书，他最终成为中国著名的文学家。他曾讲过：倘能生存，我当然仍要学习。可见，多读书对鲁迅先生而言是多么必不可少。

不仅要多读书，我们还应该读好书。清代中期诗人王豫就表示，凡读无益之书，皆是玩物丧志。那么，哪些是好书呢？笔者认为，一本好书应该接近我们的真实生活，符合我们的价值观。它所描述的世界、观点等都应该是符合社会现象的，否则很容易会误人子弟，导致人们树立错误的思想观点；一本好书还应该具有优美的语言。优美的语言不等同于华丽的辞藻，而应该是带有思想的语句，即言之有物。那些语言晦涩、语句不通、标点错误、词不达意的书更是不应浪费时间去读；还有，我们应该选择一本有利于身心发展的好书。同一本书对不同的读者会产生不一样的作用，因此，我们应该选择适合自己的好书。对感到焦虑的人而言，可以去看一些关于如何战胜焦虑的好书，以此来学习如何面对焦虑，有许多关于焦虑情绪的好书可以帮助大家，这将有助于我们去觉察自己的焦虑、接纳它、体验它、对付它直至消除它。当然，我们也可以去看一些使自己放松的书，以此缓解焦虑带来的紧张感。总之，读好书绝对会对自己大有裨益。

读书能陶冶情操，给人知识和智慧。多读一些好书，能让我们了解许多科学知识和人生道理。读书可以让我们拥有“千里眼”，俗话说得好：“秀才不出门，便知天下事。”多读一些书，能通古今，通四方，很多事都可以给我们的生活提供宝贵经验。多读好书，可以让我们变得聪明，可以利用书中的智慧去战胜对手。读书让我们变得更聪明、通达，面对困境，将有足够的能量去勇敢地面对它。书中有许多前人的经验，它们可以让我们用有效的方法来解决自己的问题。

读书能够荡涤浮躁的灵魂，过滤出一股沁人心脾的清新之气，甚至还可以营造出一种超凡脱俗的娴静氛围，因此，多读好书能使我们的心情变得更快乐。读书也是一种休闲娱乐的方式，它可以让我们暂时不去想现实问题，快乐地在书本的海洋中遨游，它可以调节身体的血管流动，使我们身心健康，所以用读书来让自己放松心情是十分明智的选择。

当我们在一开始面对焦虑困境的时候，会感到一定程度的紧张、恐慌和无所适从，此时我们需要一面“镜子”，一面让我们冷静面对焦虑、清晰自我定位、发现自身盲点、认清学习改善的方向以及发现更多美好的“镜子”。法国文学家罗曼·罗兰（Romain Rolland）告诉我们，从来没有人为了读书而读书，只有在书中读自己，在书中发现自己或检查自己。可见，这面“镜子”就是读书，不断学习，即树立终生学习的理念。尤其对领导干部而言，不仅为国家、人民服务需要不断学习，提高业务水平，创新业务方法，而且在平衡身心、促进自我发展方面也需要不断学习，获得经验、能力、思想上的提升，成长为一个更加成熟的人。

终生学习是指社会每个成员为适应社会发展和实现个体发展的需要，贯穿于人的一生持续的学习过程。总之一句话：活到老，学到老。学习是我们认识世界、完善和发展自我的必经之路，它贯穿我们的一生。有了学习，领导干部才能有方法克服工作中的困难，解决工作中的新问题；有了学习，领导干部才能更好地生存和发展；有了学习，领导干部才能得到更大的发展空间，实现自身价值；有了学习，领导干部的精神生活会更加充实。人生旅途中，我们总会遇到不同的挫折，产生不一样的情绪困扰，正如我们目前讨论的焦虑。现代社会，“焦虑”就像以前的“亚健康”一样普遍，它其实也标示着我们心灵的“亚健康”，此时我们需要淡然处之，正确看待自己身上的全部特点，并且通过读书、学习甚至咨询等方式去寻找解决办法，做一个目标导向的人。少对自己讲一些大道理，找寻适当的方法，学会从引起焦虑的事件中学习，一次次的焦虑历练就是一次次成长，这一过程赋予我们提升自我、超越自我的机会，从根本上来讲，学习如何克服焦虑的过程远比最后消除焦虑的结果更具意义。

卡耐基曾言：“真正的读书使瞌睡者醒来，给未定目标者选择适当的目标。正当的书籍指示人以正道，使其避免误入歧途。”读书使我们更好认识自我，找准自我定位，有助于树立正确的目标，同时能以不同的经验方法来引导我们朝着正确的道路前进。虽说条条大路通罗马，但是有一条既通畅又好走的路途，我们又何必舍近求远呢。因此，读书、学习能够让我们更了解自己，成为更好的自己，它让我们成为自己的主人、支持者和最好的朋友，给予自己那些从未得到的正能量，然后逐渐治愈自己的伤痛——焦虑。对领导干部而言，抽出时间走到书架前，拿起那些许久未碰的书，开始一段惬意的读书之旅，书会陪伴自己走出焦虑的世界。

（二）好书推荐

1.（美）罗洛·梅《焦虑的意义》

这本书挑战了“精神健康就是没有焦虑”的流行观念，发现适当的焦虑与人的活力、创造性成就的内在关联。作者根据未婚妈妈等大量的临床案例，指出了管理焦虑的方法和途径。本书对当代深陷焦虑之中的领导干部具有参考价值。

2.（不丹）宗萨蒋扬钦哲仁波切《正见》

不要困惑，这确实是一本“佛法书”，但是它可以帮助我们控制情绪，缓解焦虑。焦虑情绪常常根植于我们对无常的恐惧中，而万事万物时刻都在变化，无常是事物的属性。认清这些，我们也就容易找到焦虑的根源，面对失败不会气馁，面对成功会更加清醒。

3.（英）阿兰·德波顿《身份的焦虑》

这本书援引艺术家、思想家及作家的观点与作品，抽丝剥茧般地剖析身份焦虑的根源并从哲学、艺术、政治、宗教等各个角度探索舒缓和释放这种焦虑的途径，澄清种种心性的困惑和社会的壁障，解开心结。生活中，不少人总是太过在意别人对自己的看法，并且被此影响产生焦虑情绪。想了解如何克服这种身份焦虑，不妨去看看这本书。

4.（日）岸见一郎、古贺史健《被讨厌的勇气》

“被讨厌的勇气”并不是要去吸引被讨厌的负向能量，而是，如果我的生命想绽放出最美的光彩，那么即使有被讨厌的可能，我都要用自己的双手双脚往那里走去。正是因为拥有了被讨厌的勇气，才有了真正幸福的可能。

5.（美）M·斯科特·派克《少有人走的路》

这本书处处透露出沟通与理解的意味，它帮助我们探索爱的本质，引导我们过上崭新、宁静而丰富的生活；它帮助我们学习爱，也学习独立；它教诲我们成为更称职的、更有理解心的父母。归根到底，它告诉我们怎样找到真正的自我。

6.（日）石田衣良《孤独小说家》

这本书主要讲述了小说家青田耕平和儿子小驰生活在一起。他出道十年，寂寂无闻，他的作品从来没有加印。另外，三年前，青田耕平的妻子因为不可思议的交通事故而去世。尽管如此，他仍然笔耕不辍，坚守梦想，最终取得成功。最黑暗、绝望的时候也许就是自己离梦想最近的时候，只需要再站起来一次。

7.（瑞典）弗雷德里克·巴克曼《一个叫欧维的男人决定去死》

一个脾气古怪的老头在老伴去世后决定自杀，但是搬来的邻居——一对话痨夫妇和他们的话痨女儿总是打断他的自杀计划。中间发生了许多故事，最终老人决定不死了。这是一个温情故事，值得一看。

8.（日）村上春树《当我谈跑步时我谈些什么》

这本书是一本散文集，也是村上春树第一本只写自己的书，讲的是一个人怎么样通过跑步去悟道的感觉，不只是悟出一个小说家的真实，锻炼出一个小说家的身体、精神和意志，还锻炼出一个人之所以为人的境界。在这本书中我们可以看到一些人生哲理、诙谐的想法以及细微的感受，如沐春风。

9.（英）蕾秋·乔伊斯《一个人的朝圣》

这本书讲述了一个退休老人为探望病危友人而独自踏上漫长旅程的故事。主人公哈罗德一开始是为了给予友人希望，最终却实现了自我救赎，激发了对自我价值的再肯定、对成长缺陷的新认知及对现实命运的接受和理解。一个人，87 天，627 英里（1 英里 = 1.609344 千米），在路上他想到了很多，相信我们读的时候也会想到很多东西，会试着去接受一些自己不了解的东西，去相信和争取自己可以改变的一些事情。

10.（维也纳）维克多·弗兰克尔《活出生命的意义》

这本书的作者作为集中营的长期囚徒，他发现自己几乎丧失了一切。他的父母、兄弟、妻子或病死于集中营，或被送进了燃气炉。除了妹妹，他的全家都死在了集中营。所有财物都被剥削，所有价值都遭破坏，每天经受着饥饿、寒冷和拷打的折磨。但是这一切并没有打垮他，他开创了意义治疗法，并且秉持着积极乐观的生活哲学，所以他是一位值得人们仔细聆听的心理学家。

（三）读书的不同方式

传统的纸质书。飘着墨香的纸质书，更加有质感，每翻开一页都让人沉浸在读书的快感中，也让阅读者有更视觉化的成就感。

新时代的电子阅读设备。Kindle、手机 app 等都给阅读带来了多种方式，电子书籍更加便捷，可以快速地传递信息，也更加有利于人们利用碎片化时间来阅读，例如乘坐地铁、散步等。

听书软件。很多人在乘坐公共交通工具时进行阅读会感到头晕，此时听书软件就可以解决。例如喜马拉雅、懒人听书等 app。

四、时间化解焦虑——学会时间管理训练

你过去或现在的情况并不重要，最重要的是你将来要获得什么成就。除非你有目标、有计划，否则做不出什么大事来。

——拿破仑·希尔

（一）时间焦虑

有一位在政府部门上班的年轻人，主要负责给领导书写文书，他觉得一天 24 小时对自己而言根本不够用，有时领导半夜都会打电话问稿子是否写好，或者哪些需要修改，被催得急了连上厕所的时间都非常宝贵。他说："我感觉自己恨不得吃饭睡觉的时间都应该拿来写稿子，经常失眠、焦虑，你看看我的头发都要掉光了，再这样下去该怎么办?"如果再这样下去，他觉得自己早晚要被焦虑折磨而死。

也有人像这位年轻人一样，觉得时间不够用，感觉就算把每一秒都运用起来也完不成任务。因此，他有时会故意放弃，采取拖延的方式，这样会让他暂时好过一点，逃避一下压力，然而，当他苏醒过来准备再次投入工作时，发现压力更大了，焦虑更加严重了。李笑来在《把时间当朋友》这本书中的第一句话就是"有一种病，叫做时间恐慌症"，得了这种病的人，

会有同样的表现：巨大的压力，极度的焦虑。生活在快节奏的今天，在各个城市不同的领域奋斗，领导干部都或多或少感受到了时间的压力，遭受到焦虑的折磨。那么，领导干部应该及时审视自己的工作方法，将时间管理纳入自己的习惯中，它将成为抵御焦虑的“资源”，运用计划性提前将焦虑消除，使焦虑指数始终保持在健康的水平。

时间管理，顾名思义，就是通过合理地规划时间来达到既定目标。时间管理的概念很好理解，但是困难的是，当一个人以旁观者的角度看待时间时，不会觉得难以驾驭它，但是当自己沉浸到每日的琐碎生活和工作中时，会觉得时间流逝得特别快，往往还来不及反应，来不及把管理时间、计划工作的法宝掏出来的时候，就已经到了该睡觉的时候，时间的流逝多么令人猝不及防。因此，我们必须要做好心理建设，坚持时间管理的方法，这样最终才能养成计划性的好习惯。

（二）确定目标

要有效地进行时间管理，领导干部必须首先明确自己的目标。比如一名厨师，在厨房所需的厨具应该取决于自己要做的菜是什么。如果在自己还不知道做西餐还是中餐的时候就去慌忙置办一大堆工具，每天耗费时间去挑选工具，结果会怎么样？必然会影响出菜的时间和菜的品质。

时间管理同样如此，时间是我们做一切事情的必要条件，时间管理会让我们更快、更有效率地完成目标任务，并不会决定目标任务质量的好坏，就像一套餐具无法决定饭菜的味道一样。那么，领导干部的目标到底是什么呢？

找一个努力目标并不难，工作、学习、生活中都有目标：

业绩是目标、成绩是目标、甚至减肥减到多少都是个目标。但是实现每个目标都需要付出时间，况且并非每个目标都值得去实现。那么到底哪个才是真正的目标，哪个目标才是真正值得我们去奋斗的，这才是最难判断的东西。这时候就需要我们静下心来，仔细思考、判断自己当前最重要的目标是什么，按照这个目标来调整自己的计划，管理自己的时间。

（三）关于时间管理的道理

关于时间管理，我们必须明白一些道理，这些道理可以帮助我们更好地掌握时间管理。一是时间是无法被管理的。不要把时间管理想得很神奇，每个人所拥有的时间并不会因此变多或变少。因此，管理时间的本质应该是管理自我，增强领导干部的自控力。二是时间管理有助于更好地平衡工作和生活。时间管理可以让领导干部有更多的产出和更高的效率，除此之外，更重要的是它可以平衡领导干部的工作和生活，提高生活质量。很多领导干部在忙于工作的时候势必会牺牲家庭和自我，最终在三者的平衡过程中忙得焦头烂额，焦虑不已，此时就需要把握时间的平衡之道。三是时间管理可以帮助减少焦虑。许多人认为，时间管理会让人变得更加焦虑，因为需要考虑很多事情，要给自己安排许多的计划。然而，事实上时间管理可以让人减少焦虑，让自己对工作和生活更有把控度。四是利用碎片时间。碎片时间是那些零散、无规律、难以计划的时间，例如走路、排队、坐车、吃饭等。这些活动都是必要但无须计划的，可以充分利用这些时间来进行学习。五是保持积极主动的态度。如果自己的态度出了问题，那么什么方法都无法帮助自己。因此，当消极情绪来临时，冷静下来，积极地寻求方法来引导自己走出来。六是追求自我价值提升。股神巴菲特的合伙人查理·芒格（Charlie Munger）在《穷查理宝典》一书中曾说："想要得到某样东西的最好方法，就是让自己配得上它。"要做好时间管理，必须是有颗追求自我价值提升的心，如果是个投机取巧的人，时间管理估计帮不上太大忙。七是愿意不断持续改善。时间管理不是一成不变的，不同的目的需要不同的管理方法，这就需要领导干部持续不断改进，保持一个空杯的心态，不能一味相信一蹴而就的好事，要坚信一切都需要不断改善才能取得持续进步。

（四）如何进行时间管理

时间管理的最终目的就是让领导干部能够更加高效地进行工作，平衡生活。那么如何进行时间管理，进行高效地工作生活成为领导干部急需要了解的东西，接下来将详细为大家介绍几种高效工作法则，学会如何进行时间管理。

法则之一：及时整理桌面，除了正在处理的事情，其他文件一律不放。西北铁路公司总裁罗兰·威廉姆斯（Roland Williams）曾说过："桌上整洁干净的人比堆满各式文件的人更能轻松高效地工作。"华盛顿的国会图书馆的大厅天花板上刷着8个醒目的大字，这些字出自诗人波普（Pope）："天堂首条规则——秩序。"秩序应该是工作的首要规则，但是很多领导干部未必都能做到。很多领导干部的办公桌上堆放着几天都没看过的文件，只是看到桌上一堆来往的信件、未完成的备忘录及报告等，就足以令人紧张发愁。更惨的是，这些文件像是不断地提醒自己，"还有那么多事要做，可又没时间"，这不但令人烦恼，还会让人的焦虑值不断升高。

我们每天都会将可执行、不可执行、需要执行、不需要执行的工作收集起来，堆放在自己的办公桌上，如果一直随意将它们摆放在任意位置，那么将无法对自己的工作进行一个合理规划，并且零乱的桌面也会给实施高效工作增加难度，同时给自己一定的心理压力，总感觉自己有很多事情需要去完成，没有尽头。那么此时就需要一个整理的过程，整理自己的桌面，即对自己的工作内容进行筛选、分解细化的过程。在这一过程中，需要把握以下几个原则：一是专注力时间原则。很多人无法有效进行时间管理，原因就在于不知道如何分析分解。笔者认为每个人应该根据自己的专注力持久时间来定下任务分解阶段。例如，我的专注力持续时间一般为一个半小时，超过这个时间就需要打断休息一下，那么我在分解任务时，就应该根据“1.5 小时专注力时间”的原则来进行，分解出来的任务尽可能是一个半小时内可以完成的。举个例子，组织安排自己在会上分享出差学习的主要内容，可是这件事情不是一个半小时内可以完成的，此时就需要将它进一步分解，可分解为“设计分享大纲”“制作 PPT 和讲稿”“讲前准备”“正式开始分享”等步骤。二是渐进明细原则。很多任务我们一开始会感到一头雾水，不清楚该怎样进行，此时一定要懂得渐进明细原则。例如之前的例子，要进行“制作 PPT 和讲稿”这一步骤就必须要完成大纲的设计，所以不要一开始就急于完成，大可以在设计大纲后再进一步整理，进行后续步骤。三是分类原则。分类其实是高效工作的一个基础，可以根据任务类型来进行分类，也可以根据事情的轻重缓急来进行分类。

法则之二：分清主次轻重缓急，先处理紧急重要的事情。我们可以试着将事情分为四类：重要而紧急的，重要而不紧急的，不重要而紧急的，不重要也不紧急的。我们应该将前两种事情放在首位，不应该被看似紧急却没有意义的事情分散注意力。美国一家城际业务服务公司的创始人道尔迪（Doherty）说过，无论付出多少薪酬，他都愿意求得具有两种难觅才能的高级人才。这两种才能是：有超强的思考能力和能分清事务的轻重缓急。可见，能准确地将事情按照轻重缓急进行分类是多么重要。有一个小伙子用12年的时间就成为一家公司的总裁，获得高额的薪资，他将自己的成功归功于自己的一种能力："我每天五点起床，因为这时的我最清醒，我要利用这段宝贵时间来计划当日的日程，并且依据重要性排列事物处理的先后顺序。"当然，根据个人情况的差异，也可以选择在前一天晚上进行计划。在我们安排日计划时，有一些技巧和原则可以参考：

第一，按照习惯把时间分块。一般分块的界限要有一定的强制事件，例如吃饭、休息时间。把时间分块来安排计划可以帮助自己养成按时吃饭、良好作息的习惯。可以把时间分为五块：清晨（起床到正式上班的时间）、早上（早上上班到午休的时间）、午间（午休的时间）、下午（午休结束到下班前的时间）、晚上（下班后到睡觉的时间）。不一定每块时间都要做计划，但这样可以清晰地划分时间段，避免废寝忘食给身体带来的伤害。

第二，按照习惯和工作来安排计划。可以根据工作的氛围和变化来安排和调整计划，比如说如果下午有两个会议要开，自己的时间变成碎片化了，那么就可以把其他一些琐事安排到下午完成，不要把需要整段时间完成的事务放到下午处理，以此避免执行的时候被频繁打断。又比如有些创造性的工作，有人喜欢在晚上或某段时间去做，这些都是可以根据习惯去合理安排，以提高效率。

第三，琐事集中处理。领导干部可以尽量把琐事集中进行处理，例如可以在早上刚上班的时候就把今天需要处理的琐事先完成，例如回复邮件，审批回复，交代事情等。这样做的好处是，尽早减少一天的待完成工作项，有助于降低焦虑感，以一个较为轻松的心情来开始一天的工作。

第四，计划不要安排得太满。许多人喜欢把计划安排得满满的，生怕浪费一点时间，但我认为，计划中一定要预留空档时间作为储备。至于预留多少，应该多方面考虑，包括当天个人的状态、当天要完成的事情是否复杂难以评估、是否有其他不可控的情况发生，比如开未有明确议程的会议、会见未预约的重要客人之类的事。

第五，用记事簿进行记录。把待办的事情记录到本子上，一个是可以在执行过程中通过打钩来增强成就感，另一个是在回顾的时候可以翻阅查看完成情况。

有经验的领导干部都知道，按事情的轻重缓急办事并且持之以恒是很不容易的。不过，提前订出计划，先做计划中的第一件事，绝对比随性所至、胡干一通要有效率。如果萧伯纳（Bernard Shaw）没有严守这个规则，终其一生，他也不过是个默默无闻的会计。他计划每天要写五页小说，即使在穷困潦倒的窘境下，他还是严守这个计划，每日完成五页，一下就坚持了9年，最终才成为今日我们敬仰的著名作家。即使是《鲁宾逊漂流记》的主人公鲁宾逊，他在荒岛上生活，还制定了个表格把每小时要完成的事列出来。因此，让我们从现在开始，学会把待办的事情按照轻重缓急来进行分类，这样既可以提高我们的工作效率，更重要的是还能大大降低焦虑感，把重要的事情都完成了，还有什么可担心的呢？

法则之三：遇到麻烦，尽量当时当地解决，切勿犹豫不决。这一个法则其实针对的是现代领导干部身上都多多少少具备的症状——拖延症。有不少书还专门针对拖延症进行了分析，它是人们主动选择的、非理性的、长期的拖延行为，是高效工作的“天敌”。诗人爱德华（Edward）曾说：“明天是懒虫的工作日，也是愚蠢者的改革日，更是平凡人安逸地躺着梦想飞翔的好日子。”如果不去行动，有再好的想法、再缜密的计划也没用。也许有人会认为，明天和今天并没有太大区别，不过只是晚了一点点而已。然而，“今天就开始行动”与“明天再去执行”有着本质上的区别，着眼于明天的人，永远无法真正坚定自己的想法。作家玛利亚·埃奇沃思（Maria Edgeworth）也曾写道：“当想法还新鲜的时候，如果不立即去执行，那么，明天你也不可能将其付诸实践；它们可能会在你的庸庸碌碌中逐渐淡去、消失殆尽，可能会深陷或者迷失在好逸恶劳的泥沼中。”领导干部如果一直将计划留到明天去执行，那么，明天也不可能真的去行动。明天再做的想法，只是一种自欺欺人的把戏而已。领导干部有时必须对自己狠一些，在优柔寡断、拖拖拉拉之时逼自己一把，命令自己立即行动起来。的确，从一名幻想者转变为实干家，一定会是一个不舒服的过程，它会带给我们一定的痛苦，甚至产生比之前的焦虑感更强烈的情绪体验。不过，这种焦虑只是暂时的，如果能够真正跨出这一步，很快便会豁然开朗。所有的成功都不是一蹴而就的，不能操之过急，不妨按照下面的原则来一步步地去执行：一是从最简单的事情开始着手。领导干部需要学着从最简单的事情着手，要知道，每一步的顺利完成都意味着一个小小的成功。小的改变虽然不足以影响我们的整体状态，却能够给我们莫大的鼓励。更何况，“不积跬步，无以至千里。不积小流，无以成江海”，一切大的成功都是靠点滴积累而来。例如，加拿大的皇家空军每天的练习看似都比较简单，但是一年之后，会发现他们已经取得了惊人的进步。领导干部也是这样，应该学会给自己设定既能够完成又能够不断进步的任务，以保证自己满怀热忱地坚持下去。二是每天必须保证完成一件事。领导干部经常会给自己许多目标，但很少会坚持下来。人不可能在一瞬间兑现所有的目标，那么不妨一天做一件事情吧，试着每天规定自己必须做好一件事情。三是每天必须拒绝一件事。也许很多领导干部无比痛恨自己的拖延症，希望一天之内将它完全消灭，然而，这可能会给自己带来更大的压力，甚至会让自己陷入慌乱与焦虑之中。那么，不妨试着一天拒绝一件事。四是一有决定，马上去做。也许我们的想法太多，甚至互相矛盾，因此我们只好不断地推迟自己的行动，并且告诉自己：“我必须将这些想法梳理清楚。”接下来，我们可能一年都不会有所行动。这时，不妨选择其中某一个想法去做，只要这个想法是出自内心。要知道，去行动总比只是坐在椅子上漫无目的地幻想更能体现价值，并且，将精力放在实实在在的行动中，会让整个人充实起来，那时自己就不会因为犹豫不决、患得患失而感到焦虑、烦恼。美国钢铁公司董事成员郝威尔（Howell）特别厌恶开董事会，因为他们在董事会上总是讨论些老问题——讨论的时间倒是充分，决策却很少敲定，总是毫无结果。最后，每位董事都得捧着一堆资料回家研究。后来，郝威尔终于说服大家每次讨论一个问题，并且当即做出决策，不允许拖延时间。某些重要决定可能需要收集更多的参考资料，有些需要切实采取某种行动，有些要静观其变，这样，每个问题都有了相应的解决办法再探讨下一个问题。郝威尔说这种工作方式的效果出奇的好，备忘录不再记满各种事项，大家也不用再把公事带回家，更不用因未解决的问题而感到心烦意乱、焦躁不安。

法则之四：学会组织、委托与督导，厘清职责。很多领导干部不懂得合理地将任务分派给他人，凡事亲力亲为，最终导致自己受累过度，身心受到巨大伤害。他们总是成天围着琐事团团转，紧急、仓促、忧愁、焦虑以及精神紧张的感觉挥之不去。某些领导干部害怕分权，将所有的权力都紧紧握在手中，这样不仅拖慢了事情进行的效率，更会让自己的压力骤增，每天有忙不完的事，最终被焦虑折磨得痛苦不堪。此时，领导干部们就需要学习掌握组织、委托与监督的能力，当然，委托并非易事，授权给错误的对象会导致可怕的后果，因此必须选择正确的对象，采用合适的方式进行授权，厘清授权对象的职责，做好监督工作，这样才能够看清大局，避免操劳、倦怠、紧张与焦虑。那些大企业的老板们如果不懂得组织、委托与督导的话，估计不到五六十岁就会患上心脏方面的疾病——这些心脏问题主要就是由紧张和焦虑引起的。由此可见，领导干部要有效进行工作，降低焦虑感，必须学会用人，用人之长，避人之短，合理规划，有效监督。

（五）时间管理需要注意的一些问题

在进行时间管理的过程中，有一些问题需要注意。首先，尽可能地排除干扰。很多领导干部在工作学习的时候，经常会被外界各种杂七杂八的事情分神，例如有个有趣新闻的弹窗广告、微信、手机信息、隔壁话痨同事等。这时应该尽可能地排除外界的干扰，比如说，工作学习的时候，确保电脑没有打开任何通信软件，关闭所有无关的网页、浏览器、邮箱客户端，甚至尽量不要看到桌面图标。再有就是把手机收起来，放在自己视线看不到的地方，最好把手机上各种 APP 的推送给关掉，避免各种推送打断自己。跟同事协商好自己的专注工作时间，比方说在部门群中说，“接下来一小时，如非必要尽量不要找我”，甚至可以约几个人一起专注工作，这样大家相互不影响，休息的时候也可以几个人一起放松放松。其次，如果工作被打断怎么办呢？摆正心态，不要感到烦躁，要明白被打断是一件非常正常的事情，被打断的时候，尽量在沟通清楚事情之后立即判断这件事是否需要马上处理，如果不是需要马上处理的，当即把这个事情记录到本子上。如果是需要当天处理的，可以先简单记录放到当日计划中，等干完手头这件事的时候再去对计划进行调整。另外，如果遇到明显知道日计划无法完成的情况怎么办呢？我们经常会遇到各种意料之外的情况，例如上级领导突然安排一个临时任务、任务比想象的要难等，面临这些情况的时候，自己可能当下就会明白日计划无法完成了。此时，建议马上调整计划，把不是今天必须完成的另行安排，把临时任务加到今日的计划中，计划并不是不可变通的，所以领导干部必须保持一个好心态，无须抱怨。最后，任务完成时，可以将事情从“待完成”库中删除，这样可以减少“事情很多”的假象，减少焦虑感，同时可以在记事簿上打钩，这是给自己的奖励，看到本子上的一个个勾，会给自己带来成就感，形成积极的反馈。当然，领导干部在进行时间管理时，需要不断进行改善，即便是拿来主义，也需要在过程中不断调整以更加匹配自己和任务，那么此时就需要定期每周进行总结，回顾计划完成情况，并针对未完成计划进行原因分析，以便以后遇到类似情况可以自我借鉴，从而提升自己的处事能力。

当领导干部感到任务繁重、时间不够用、生活毫无质量、焦虑无处不在的时候，正是应该学习如何管理时间、管理自我的时候。学着把自己的桌面整理一下，按照上面的提示进行分类整理，安排计划，并且立即投入到当下的任务中去，调整好心态，坚定地走下去。相信到那时，令人痛苦的焦虑会渐渐离开。

五、如何与压力共处——学会解压调适焦虑

你对压力的反应给你带来的麻烦要甚于压力本身。

——科尔曼《心理的力量》

（一）压力是什么？

压力是个体对各种刺激做出的生理、心理和行为反应的综合模式，压力可能源于内部，也可能来自外部，甚至是两者的结合。压力是产生焦虑情绪的直接原因之一，压力如果长时间累积，焦虑情绪总有一天会爆发。美国应激心理学家拉扎鲁斯（Lazarus）认为，心理压力是由于个人需求与实际资源的不平衡导致的，换句话说就是自我的需求得不到满足时产生的，而压力应对就是试图控制这种不平衡所做出的反应。

压力并不是全然没有好处，适度的压力可以激发前进的动

力，对进步具有积极意义。有心理研究表明，人们可以培养一种压力反弹能力，它是指个人面对生活逆境、挫折、创伤、悲伤以及其他重大压力时的良好适应能力，使压力与行为相统一，激发我们的潜能，化压力为动力。

（二）压力与领导干部的关系

在社会结构急速转型的现代社会，我们每个人都避免不了压力感。工作压力、生活压力、情感压力、时间压力等无数的压力席卷而来，以各种形式挤压着我们的身心。但是，要知道沉浸在压力中的绝不是某一个人，而是大部分人都会感到压力。2016 年 7 月，《经济学人》杂志指出：中国的中产阶层有 2.25 亿人，他们是目前全球最焦虑的人。可见，中产阶层对自己的生存状态充满危机感和焦虑感，而并不是大家以为的那样“悠然自得”，中产阶层对压力导致的焦虑情绪也是不堪重负的。因此，不要在意别人，每个人都会面临类似的压力，区别只是处理压力的方式而已。

普通人感到焦虑源于他们缺乏计划性，经常手忙脚乱地应付事情，而领导干部由于知识面广，对自己的要求比较高，一般都具有理想主义，会因为自身现实生活与理想状态不符合而感到焦虑。而真正的压力来源于我们的“情绪陷阱”——不良情绪，有科学结论表示只从事脑力劳动是不会令人疲劳的，那么我们的疲倦感从何而来呢？心理学认为，感受到倦怠主要来自心理态度及情绪状态。著名的英国心理学家海菲德（Heyfield）在《心理的动力》中提到：“我们的倦怠感绝大部分来自于心理状况，因为生理而产生的纯粹疲倦是很少见的。”而美国的心理学家布里尔（Brill）也这样认为：“身体健康的工人感到疲倦的原因，百分之百是由于心理作用，也就是情绪性因素。”

领导干部在感到压力时会出现许多不同形式的压力反应，一般可以分为四个方面：一是生理反应，包括心率加快、血压升高、免疫力下降等；二是行为反应，其中包括对身体有害的所有行为，如吸烟、酗酒、摄入过多垃圾食品等；三是认知方面，压力会导致经常性的认知错误；四是情绪方面，压力会让人产生焦虑、抑郁等消极情绪。

2010 年美国心理学会公布的一项调查显示，七成的美国人认为工作是造成压力的非常重要的原因。而在如今的工作环境下，领导干部总会处于一种“工作还没完成”的焦虑之中，压力便是这种焦虑的根源。另外，工作上的压力也会延续到家庭生活中，会让人有一种错误的感觉，似乎生活中也处处充满压力。领导干部必须正视这些焦虑根源，我们需要时间让自己的精神和生理脱离压力，放松身心，采取合理的调整策略，找到正确方向。要知道，每天不停地忙碌并不是为了成为别人，也不是要改变这个世界，而是要发现真实的自己，肯定自己，以自己最擅长、最令人快乐的方式生活，并且保护自己爱的人。

（三）正确看待压力

有一种说法是“压力是可以杀人的”，其实，杀人的并不是压力，而是我们对压力的认知，只有认为压力有害的时候，压力才会变成“杀人工具”，压力加上认为压力有害的信念一起会对我们产生消极的影响，产生焦虑、抑郁等负面情绪。

有一个定义表示，压力是人在乎的东西发生危险时的反应，这其中包括感到压力时的想法、情绪、生理反应等。可见，压力和意义无法分割，对自己不在乎的事人就不会感受到压力。对于压力，每个人都会形成自己的观点，一旦体验到压力，对它的信念就会自动而来。试着回想一下，自己每天什么时候会体会到压力，又有多少次会在体会到压力的时候，情不自禁地感叹“压力好大啊”或者“我感到压力山大”。这时，如何看待压力的观点就会直接影响自己的情绪，可见，如何看待压力至关重要。

有研究表明，压力可以使人更聪明、更坚强、更成功，它会帮助人学习和成长，会激发人的勇气。同时，改变对压力的看法使人更健康和幸福，因为对压力的看法会影响很多东西，从人的心血管健康到发现生命的意义。压力是领导干部焦虑的源头之一，管理压力的方式不仅有减轻或避免，还需要领导干部转换自己的思维模式，重新思考压力，清晰地找准压力的出口，将其成功的释放，重获自我，从而避免形成焦虑情绪。

（四）压力的应对原则

美国斯坦福大学的心理学教授凯利·麦格尼格尔（Kelly Mcgonical）曾经这么表述对压力的看法：“最幸福的人并不是没有压力的人。相反，他们是那些压力很大，但把压力看做朋友的人。这样的压力，是生活的动力，也让我们的生活更有意义。”在李安执导的《少年派的奇幻漂流》中，少年派一开始认为老虎是一个极大的威胁，最终反而与之产生了一种共生关系，相互依靠共同到达彼岸。“心有猛虎，细嗅蔷薇”，与压力的相处之道也正是如此，压力是人生的一部分，没有必要也无法彻底逃离。领导干部需要不断在挑战中获得成长，不断为自己的生活进行奋斗，找寻生活的意义，因此，领导干部必须愿意承担压力。当领导干部感到压力倍增时，可以学着不那么在乎它们，学会用不同的方法处理自己听到的东西，同时，多使用积极的话语来激励自己，使自己和周围的人充满正能量。

除了自己，没人可以让自我体会到终极快乐。问问自己，上一次纯粹为自己做事是什么时候？如果一直坐在办公室不停地工作或者不停地去出差，又怎么会有独属于自己的时间呢？所以，不管如何，留出一小段时间给自己，思考也好，玩乐也好，单纯地为自己做些什么吧。

健康心理学将压力应对分为三个部分：一是通过采取措施来解决带来压力的现实具体问题；二是采取情绪管理方法来缓解压力带来的焦虑体验；三是思考压力带来的心理问题，形成一种稳定、积极的心理状态。针对不同人感受的不同压力，有效的压力管理没有绝对统一的方法，但基本都遵循以上三个方面。例如，美国心理学家、表达性书写的创始人詹姆斯·彭尼贝克（James Pennebaker）做过一个有趣的实验，他让受试者连续5天都花15～20分钟写出“一生中最痛苦的经历”或当时最让人心烦意乱的事情，受试者写出东西后可以自己保留，也可以自行销毁。这种自我表白的效果十分惊人，经过一段时间，受试者的心理免疫力增强了，心理压力也得到了缓解。

为了锻炼应对压力的新思维，领导干部要学会以下几个原则：当你感受到压力时承认它的存在；意识到压力针对的是你在意的事；运用压力给你带来的能量。思维转换的关键在于你要秉持平衡的观念，少害怕它，相信自己可以应对它，以它为资源更投入地生活和工作。

（五）学会解压调适焦虑心理的方法

自我调节是指控制自己行为和情绪的能力，其目的是尽可能减少内心的紧张感，从而保持较好的身心状态。人们大多喜欢将自己保持在愉快的心理状态中。例如，为了保持自己的形象，人们会锻炼自己的身体和体型。自我调节主要涉及对思维、注意力、关注度和情绪的控制，这些有助于放松工作压力，提高工作效率。因此，当领导干部面对繁重的工作压力，感到焦虑和紧张时，必须学会自我调节，学会解压调适焦虑心理的方法。

1．正确认识自己，树立自信心

解压调适焦虑心理的方式有很多种，运动、吃零食、旅行等都是可供的选择，它们可以让人暂时从烦恼中解脱出来。然而，要想真正的解决烦恼，领导干部必须正确认识自己，树立牢固的自信心。

领导干部要在心灵层面认为自己能行，暗示自己："只要我做好心理准备，我不会因为一点困难而退缩。""我现在充满信心，一定可以完成任务。""我挺好的，就算此时无人认可，但我会一直不断努力，让大家看到我的能力，令自己感到满意。"类似这些话语可以不断激励自己，树立自信，正确认识自我。

如何做才能增强领导干部的信心呢？当有人打击自己时，必须在心里对自己说："不对，理由是……"；尽可能与别人的距离近一些，这样可以让自己更加自信；习惯于正视别人，即使在争吵时；昂首挺胸地走路，不要总是低头含胸；多在众人面前发言，自信地发表自己的观点，表达时不要过于考虑对方的观点。同时，还有一个“三三法”可以尝试去做。“三三法”就是每天为自己找三个优点、三件做对的事、三次正确的判断，体验成功带来的成就感和快乐，哪怕只是很小的成功。

2. 如何对抗完美主义者的焦虑

纵观周围，一定不乏这样的人：他们无论做什么都追求完美，哪怕有一点不符合内心期待都会令他们感到压力很大。这样势必会因为自我不断加压导致焦虑，必须重视这样的情况，正视问题，明白自己其实是需要调整的。

有一种方法可以缓解完美主义的焦虑——认知行为疗法，它的目的在于改变你的思维方式，尤其是导致焦虑的思维方式。具体的操作方法是：列一张表，将感到焦虑的所有事情都写下来，然后按类别分门别类。首先，从第一个类型开始询问自己，这其中哪些选项是没必要的？在感到焦虑过后，这些事情得到解决或缓解了吗？它们是有效还是无效的？其次，焦虑会促使自己在未来一至两天内采取行动或发生某些行为吗？最后，自己会做一些事情来消除这种焦虑吗？具体是哪些事情呢？如果不这样做，这些焦虑的事情会不断发展下去吗？如果不是，就证明这些都是无效的焦虑。

3. 对付“如果事情搞砸了，怎么办”的方法

人的主观能动性决定了人们会对自己的未来形成期待，不管多好的背景和工作，最终都是依靠人这一主体来实施，将计划变为现实。在这一过程中，人们总会对未来的不可预测和期待产生焦虑，这也被称为前景焦虑。这一焦虑在领导干部中特别常见。

有前景焦虑的领导干部总会问出这样一个问题：“如果事情搞砸了，怎么办？”他们总会想到最坏的情境并为此感到忧

愁，而要对付这种问题的最佳办法就是直接回答它。是的，如果最糟糕的情况真的发生了呢？那就开始写下“可能发生的最坏的情况”吧。曾经有人问马云如何面对风险决策的，他说：“我们是这样把握的：做任何一件事首先考虑好，这件事如果全部搞砸了会对公司怎么样？如果最坏的情况是对公司有影响但不伤筋动骨，那么我们就干。”

同时，笔者还要向大家介绍六条理性期待原则：一是我的就总会是我的，不是我的再怎么期待也没用；二是我会得到我付出正确努力的东西，但是它不一定会令我完全满意；三是付出之时不奢求回报，这会令我在获得回报时感受到最大的惊喜；四是任何事情我都做理性分析，问问自己如果失败能否接受；五是将最坏的结果想在前面并且能够从容的接受它们；六是不去关注理想是否能实现，只关注完成的过程并且享受这个过程。

领导干部学会运用理性期待原则，会减少前景焦虑出现的概率，如果焦虑出现了也不要害怕，大胆地面对它！

4. 控制情绪，避免失控

当领导干部面对巨大压力的时候，会产生紧张和焦虑感，负面情绪也会不受控制地爆发出来，此时为了避免失控，必须控制好自己的情绪。

第一步，控制自己的情绪。可以考虑转移自己的注意力，将情绪焦点吸引到积极愉快的事情上去，打断烦恼之间的联系从而隔离坏情绪之间的影响，同时减少对非原则刺激的反应，对不关乎原则的问题置之不理。

第二步，转换自己的情绪。此时领导干部需要换位思考，从更加长远的角度去看待问题，将这种坏情绪转变为一种鼓励和鞭策。

第三步，将情绪宣泄出来。运用适当的方式来表达自己的情绪，例如通过运动、书写等方式来宣泄坏情绪，避免坏情绪的积压。

在“收转放”情绪的过程中，我们可以寻找一些乐趣来应对坏情绪。戴尔·卡耐基告诉我们：充分利用好今天来培养生活兴趣，唤醒自己，可以让我们满怀热情地过好今天的生活。在热播美剧《生活大爆炸》中，天才科学家谢尔顿的生活一直都严格遵循逻辑和科学原则，但是他却感性的喜欢坐在沙发的特定位置，那是他最喜欢的地方，那里让他感觉放松、舒适。我们每个人都应该找一个或者几个这样令自己感到舒适放松的地方，它会将你脱离紧张焦虑的情境，让你有时间去整理思绪，体验过去的愉快美好经历，给自己力量去对抗压力带来的情绪困扰。

5. 劳逸结合最合理

适当的休息、娱乐和工作一样重要，只在上班时间工作的人会变得更加有效率。从长远来看，工作太长时间对领导干部的身心健康和幸福不利，需要合理安排任务，劳逸结合。有一句谚语表示：只工作不玩耍，聪明的孩子也变傻。而爱尔兰小说家玛利亚·埃奇沃思（Maria Edgeworth）则补充：只玩耍不工作，孩子只能成废物。可见，工作与娱乐之间的平衡非常重要。

工作通常是苛刻的，为了有效地进行工作必须耗费精力资源，包括认知方面、情绪方面、身体方面以及生理方面的资源。而当这些资源因为工作的压力被耗尽的时候，人就会开始感到紧张，急需休息。如果没有足够的时间将我们从身心俱疲的状态恢复过来的话，我们会感到非常疲劳并且长此以往会导致很多身心问题，影响健康。

许多领导干部每天都在忙忙碌碌，参加一场接一场的会议，千方百计地去解决问题，他们经常抱怨没有时间给他们去进行反思。那么，试着每天挤出10分钟时间安静地坐下来思索，为自己创造出一片属于自我的天地，也许就会发现自己的思路越来越清晰，身心越来越放松。还有一个特别管用且很简单的建议：如果觉得不方便就暂时不要去思考那个问题，也就是说暂停思考，它的理念是在你没有做好充分准备前不要开始行动。另外，不要有意抑制、故意不去想那些令你心烦或不安的想法，因为你越是抑制它，你就会越多地体验它，感受到它带来的负面情绪。

为了克服和忍受工作带来的过度疲劳和压力，许多领导干部会寻求快速解决办法。例如，为了迅速开始一天的工作，许多领导干部习惯做的一件事就是喝一杯咖啡或茶，完全依靠摄入的物质来缓解焦虑、紧张。另外，吸烟者经常会说，吸烟可以帮助他们安静下来，减轻压力，放松休息。还有人认为酒精是放松身心的灵丹妙药，确实，如果你能和一些朋友喝几杯，一起享受快乐的时光，会更好地将注意力从工作上转移，放松身心。然而，如果经常靠咖啡、吸烟、饮酒等方式进行放松，而不是面对真正导致压力的原因，那么这些都只是一些逃避手段。真正能够解决问题还是需要一些其他有效的放松方法和冷静的思考过程。

工作可贵，休息也可贵，两者要兼顾，不能忽视任何一个。因此，劳逸结合的工作方式才是最合理的。有时候，领导干部需要放下工作，充分休息，利用假期给自己放松和充电的空间，能够与家人、朋友共度美好时光，也让自己的精神状态恢复，做好再次面对工作的准备，使自己重新振作，精神焕发。

英国的饮茶习俗可以追溯至17世纪，无论贵族还是劳动者都有饮茶休息的习惯，随着时间的推移，这种饮茶休息的形式最终成为现代茶歇习俗。定时饮茶休息在一天中起到至关重要的作用，有助于员工保持积极的工作态度。这些在一些企业中可以得到很好的体现，企业的茶水间就是员工饮茶休息的空间。休息并非浪费时间，短暂的休息是应对紧张情绪方式之一，同时短暂休息后人的创造力往往更强，做出的决定更明智，效率也更高。因此，在对一天的时间进行规划时，领导干部一定要为自己留出休息时间，规划好自己的工作时间和休息时间，抽时间进行思考和反思，形成常规。无论你是从事体力劳动还是脑力劳动，都需要通过有效的休息来补充能量。

领导干部需要养成快速放松的习惯，有三种做法可以帮助建立这种习惯。一是工作结束的习惯。当工作时间快结束的时候，做一些事情告诉大脑一天的工作结束了，是开始放松的时候了，例如整理办公桌、收起自己的工作用品等。二是回家路上的习惯。回家路上经常会遭遇“高峰期”，这确实让人感到郁闷，会导致即使回到家我们依然感到压力很大，其实，我们完全可以找到自己喜欢的通勤方式，利用这段时间来调整自己，将其视作从工作到家庭的一种过渡。三是到家的习惯。领导干部需要培养一个回到家马上做某事的习惯，前提是这件事会让自己放松下来。建议在周末提前规划自己的放松活动，结合伴侣和孩子的情况，利用时间去放松自己，千万不要去赶工作任务，那样只会徒增压力。

6. 如何应对未完成的任务

有没有发现，未完成的任务总是会停留在自己的脑海中，挥之不去，这也被称为蔡格尼克效应，心理学上的解释是人们对未完成或中断的任务的记忆胜过对已完成任务的记忆。从那些难以摆脱工作、下班后无法放松的人身上我们可以看到这一效应，尽管他们不一定都会把工作带回家，但是他们总会不由自主地在空闲时间思考未完成的工作问题。

领导干部必须采取一些措施来减少这一效应的影响，首先要确定未完成任务的原因，是由于管理时间不当，还是任务太多，抑或是经常受到干扰。针对不同的原因采取不同的应对办法：如果是管理时间不当，就需要重新调整计划；如果任务太多，可以将任务分解，尽量在工作时间完成特定工作量；如果经常受到干扰，可以采取一些方法来阻止他们的打扰，例如把手提包或文件放在椅子上、利用“红绿策略”来表示自己是否愿意被打扰、关闭手机邮件等通信方式、礼貌地告知别人自己很忙等。

7. 亲密的人际关系是对抗压力的良方

人类是一种社会性动物，进行社交活动是天性。除了例外的情况，大多数人是喜欢同别人在一起相处的。在家庭、工作和各种活动中都体现了这一点，而亲密的人际关系也是对抗压力的良方。心理学研究表示，建立相互信任的亲密关系有助于我们应对压力，而且还能防止出现压力。究其原因，如果领导干部在工作和生活中遇到了问题，家人和朋友可以给予支持，缓解压力。一方面他们可以在感情上进行安抚，帮助自己镇静下来分析问题，寻找合理的解决办法。另一方面他们也会帮助解决实际问题，例如在需要时他们会借钱给你，帮助解决临时的经济困难。好朋友会使你明白事理，了解自己，避免鲁莽冲动和后悔。这些友谊的善举都会帮助领导干部对抗压力，促进身心健康发展。

在一个有着良好氛围的环境中工作会使人心情愉快。研究表明，良好的工作关系可以促进团结，提高效率。同时，这种良好工作环境产生的积极影响也会延伸到空闲时间，对领导干部的生活产生良好的作用。

8. 健康的重要性

把健康列为生活中最重要的事情，这一点应该没有人会反对，这也是领导干部为自己、家人、朋友做的最重要的事情。健康的生活也有助于领导干部应对生活中的各种压力和焦虑。

锻炼可以让领导干部的身体达到一定的健康水平，保持良好的情绪和生活状态。而要想精力充沛，饮食也必须恰到好处，早餐、午餐以及晚餐都应该定时摄入，营养均衡。另外，保证充足的睡眠时间也对健康大有裨益，它是人类最重要的恢复机制，幸福感、日常的生活工作以及身体健康都离不开良好的睡眠。

那么，看了那么多解压的方式，怎样才算是完美而又轻松的一天呢？你最好用一天中 1/3 的时间来工作，1/3 的时间追求休闲娱乐，其余时间用于放松睡眠。当你醒来时会感到神清气爽，然后洗个澡，悠闲地吃一顿健康丰富的早餐；接着精力充沛地去上班，准备承担各种工作任务。在工作日的上午，你至少有 15 ~ 20 分钟的休息时间，下午也同样如此。你可以在工作场所以外的地方坐下来和同事聊天或独自休息。午餐时间一个小时，可以悠闲地进食一碗汤、一块鱼或鸡肉，外加沙拉或青菜，饭前或饭后散会儿步。工作时间即将结束时，整理一下你的办公桌，给第二天的工作做好准备。在回家的路上，关闭手机或者用它玩一些娱乐游戏、听听音乐。回到家可以洗个澡，然后和爱人、孩子聊聊天，也可以坐在自己喜欢的椅子上，或走进花园散散步。一天的工作干完了，没必要再去想，如果忽然有一个好的主意闪现在脑海，可以记下来，等到第二天再去行动。吃一顿清淡的晚餐后，同爱人或朋友一起出去逛逛，或者可以花些时间在自己的业余爱好上。接下来，到了睡觉时间，上床去满满地睡上 8 小时。要是生活一直这么轻松惬意该有多好，然而，对大多数生活在现实世界的人，特别是领导干部来说，这只是一种理想生活，难以实现。每个人都有自己必须要考虑应对的个人需要和生活环境，大多数人都需要不停地兼顾工作、爱人、孩子、父母、亲人、朋友，也许还有宠物。生活其实就是不断地协商和妥协，需要处理一些事情，也要花时间满足自己的需要，不可能完全按照自己的需要来行动。因此，只需要尽力去兼顾自己的工作和家庭以及自我，即使事情并没有像预先安排的那样尽如人意，也不要气馁，学会一些方法来调整自我，保护自己，让自己以一个健康的身心状态来面对生活。

压力在生活中无处不在，同时压力会让领导干部产生焦虑情绪，首先不要害怕它，再尝试勇敢地接受和面对它，学会运用一些领导干部方式去排解它，才能够快乐工作，过上幸福愉快的生活。

第六章

领导干部应学会的焦虑应对方式

在对焦虑情绪正确认知的基础上，学会科学的焦虑应对方式，积极调适领导干部自身的心理状态，缓解焦虑情绪，能有效促进领导干部心理健康。本章提供了六种容易学会的科学化解焦虑的方式，帮助领导干部学会自我调适，缓解乃至消除焦虑引起的各种症状。

一、放松你的身与心

我知道，当我的身心更放松，心里没有预设、期待的时候，我反而得到更多。李安的成名之作《卧虎藏龙》中就有这样一句台词："把手握紧，里面什么都没有；把手松开，你就拥有了一切！"

——李开复《向死而生：我修的死亡学分》

焦虑等负面情绪会给人带来各种身体反应，比如呼吸急促、肌肉紧绷、坐立难安等。例如某机关干部张科长，他在工作中是一个兢兢业业、追求完美的人，同事眼中的"劳模"。但是他却有着演讲焦虑，即在面对需要他发言的重大会议或其他场合时，会产生莫名的紧张感，手心冒汗、呼吸急促、脑中一片空白。他总是想象一些可怕的事："我无法提出创新性的建议或是语言组织得不够完美时，别人一定会嘲笑我，他们即便嘴上不说，心里也一定是这么想的。"因此，每一次发言都让他感到如临大敌。

面对这样一种情况，以下几种放松身心的方法或许有效果，这些方法会让人在放松身体的同时，也让人的心灵呼吸到新鲜空气，从而渐渐放下紧张感。

（一）呼吸放松法

呼吸伴随着我们一生中的每一分每一秒。它与我们的生命不可分割。呼吸法是一种快速的放松法，并且可以应用到几乎所有让人感到焦虑紧张的情境。呼吸有很多种方式，不同的呼吸方式会带给我们不同的感受。

1. 深呼吸

平时我们总会在焦虑时听到朋友宽慰："别紧张，深呼吸。"那么究竟怎样进行深呼吸呢？深呼吸其实是一种胸式呼吸，与平时的呼吸方式一致。首先要选择一个安静的环境和舒适的姿势，尽量排除外界干扰并使自己处于沉静的状态，反复进行吸气、呼气，每次 3 分钟左右。在感到焦虑情绪涌现时，运用这样的方式，直至紧张感逐渐减弱。有时候，我们也会遇到不符合条件的情境，也可以尝试用下面这种方式来控制自己的呼吸：为自己准备一个没有洞的纸袋，在焦虑情绪涌现的时候用它裹住自己的鼻子和嘴巴，做深呼吸 10 次，迅速放开。

2. 60 秒"4－7－8"呼吸

美国医生安德鲁·威尔（Andrew Weil）推广了一种帮助睡眠的方法，即 60 秒"4－7－8"呼吸法，其原理是让人的肺部吸入更多的氧气，增多的氧气会有助于调节人的副交感神经系统，帮助调节人的紧张状态，缓解焦虑，释放情绪。这个方法的具体步骤是：

第一步，用嘴大呼一口气。

第二步，闭嘴，用鼻子吸气，在心中数 4 个数（1，2，3，4）。

第三步，停止吸气，屏住呼吸，在心中数 7 个数（1，2，3，4，5，6，7）。

第四步，用嘴巴慢慢用力呼气，同时心中数 8 个数（1，2，3，4，5，6，7，8）。每四次这样的“一呼一吸”为一遍，需要重复三遍。

注意吸气的时候要用鼻子而且不要发出声音，呼气时用嘴，要有“呼”声，而且一定要舌抵上颚。建议每天练习两次“4－7－8”呼吸法，连续练习六到八周，就能熟练掌握这个方法。

3. 腹式呼吸和腹式慢呼吸

上面案例中的张科长在面对焦虑情境时，一般有两种应对方式，勇敢战斗或一味逃避。当他在“战或逃”的模式中，他的呼吸会加快，变得短促，这就被称为“过度呼吸”。面对这种情况，可以尝试腹式呼吸法。

腹式呼吸也被叫做横膈膜式呼吸。找一个安静、舒适的地方躺下，一只手放在胸前，另一只手放在腹部，两手均在肋骨与肚脐之间为宜。把自己的肺想象成“气球”，用鼻子深深地吸一口气，为“气球”充气，保持两秒钟，此时会注意到放在胸前的那只手几乎不动，而随着吸气腹部的手会慢慢抬高。绷紧腹部肌肉，同时慢慢地用嘴巴呼气，给“气球”放气，腹部的手会慢慢回落。自然地停顿一下，接下来继续进行鼻子吸气、嘴巴呼气的过程，直至感觉到自己非常平静，已经慢慢适应了这种呼吸为止。在这个过程中，留意自己的呼吸节奏和连贯性，让它变得越来越自然，当感到越来越自如后，也可以采用坐姿，身体挺直后靠。不过，要想熟练自然地进行腹式呼吸，还需要大量的练习。

当学会熟练地进行腹式呼吸后，可以开始为这个过程计时，尝试用 4 秒来吸气，用 4 秒来呼气，这就是腹式慢呼吸。虽然一开始会有些难受，但一旦适应这种状态，将会感到非常轻松。这个呼吸法也需要每天坚持练习，熟练掌握才能在需要时立即派上用场。

（二）简单放松法

除了学会用不同的呼吸方法对抗焦虑情绪之外，这里继续介绍一种简单易行的放松方法，它比其他放松法更加简短。通过练习，可以逐渐达到放松状态，降低焦虑水平。这一方法是 1968 年由哈佛大学教授赫伯特·本森（Herbert Benson）首创，当时被称作放松反应。赫伯特是一位心脏病学家，它创造放松反应的目的是帮助心脏病患者减少损害身体的应激。随后这种方法逐渐演变成被广泛应用的放松技术。

练习这种放松方法时，首先开始想象出一个用于训练过程中的诱导物，即一个让人感到心情平静和放松的目标。可以是让自己放松的声音或语句，比如大海缓缓的波浪声、优雅的诗词朗诵声、悠扬的音乐声等；也可以是优美的特殊物品，比如最喜欢的画、最喜欢的书、最喜欢的电影等；也可以是让自己感到放松的情景，比如故乡幽静的竹林、某海滨的美丽沙滩、幽静的咖啡馆等。

接下来，开始学习进行放松训练：

第一步，寻找一个安静舒适的环境，以舒适的坐姿坐着，慢慢闭上眼睛，从脚部开始放松全身的肌肉，从脚部开始，想象自己的身体逐渐变得下沉和放松。

第二步，用鼻子慢慢地吸气，心中从 1 默数到 5，慢慢深吸气直至腹部，将注意力放在吸气过程中，屏住呼吸 5 秒，从嘴巴慢慢呼气，心中从 1 默数到 5，徐徐将气呼出，注意心理感受。

第三步，如此重复直至进入到放松状态，一般持续约 20 分钟。

在练习的过程中，需要注意一些细节问题：一是放松训练的过程中可以去看时间，但一定不要使用闹钟，突然的闹铃声一定会打乱放松训练的节奏。二是当放松训练结束时，可以闭眼休息几分钟后再睁眼起身，动作不要太快、太猛烈，尽量柔和。三是不要担心自己是否达到放松状态，保持顺其自然的态度，让放松感自然产生。四是放松过程中，一些分散注意力的念头可能会进入自己的脑海，忽略它们，不要沉溺于这些念头，回到呼吸和心理感受上来。

（三）渐进式肌肉放松法

美国生理学家埃德蒙·雅各布森（Edmund Jacobsen）并不满足于只是坐在那里简单地进行呼吸训练，在他看来这过于简单，于是他在 20 世纪 30 年代设计了一款“硬核”放松产品，也就是笔者即将向大家介绍的渐进式肌肉放松（PMR）。它通过全身主要肌肉群的收缩与放松的反复交替训练，让人认识体验紧张和放松的感觉，最后达到放松身心的目的。

首先需要找一个安静的地方，尽量穿着舒适和宽松的衣物，躺着或坐着舒展身体，然后按照下面的步骤进行操作：

首先进行腹式呼吸三次，用鼻子吸气时，腹部慢慢鼓起来，用嘴巴呼气时，腹部慢慢回落。吸气时，默念“坚持”，让气体在腹中憋一会儿；吐气时，默念“放松”，不急不慢，缓缓吐出。保持这一状态一小段时间，然后进行后续操作。

握紧拳头，吸气，坚持 5 秒钟，然后慢慢地放开，保持 8 ~ 10秒的放松。（在训练其他肌肉群时，也使用同样的时间间隔）

绷紧手臂，把前臂举起来，靠近肩膀，双臂同时用力。用力绷紧 5 秒，放松 8 ~ 10 秒，配合呼吸。

绷紧手臂内侧，笔直地伸出双臂，绷紧肘部。绷紧 5 秒，放松 8 ~ 10 秒，配合呼吸。

绷紧前额，尽可能地抬高眉毛。绷紧 5 秒，放松 8 ~ 10 秒，配合呼吸。想象前额在放松时变得光滑柔软。

绷紧颈部后面的肌肉，头尽可能向后仰，把注意力放在绷紧的肌肉上。绷紧 5 秒，放松 8 ~ 10 秒，配合呼吸。

绷紧肩膀，将肩膀抬起来，似乎要去碰自己的耳朵。绷紧 5 秒，放松 8 ~ 10 秒，配合呼吸。

绷紧胸部的肌肉，深深地吸一口气，绷紧 5 秒，放松8 ~ 10 秒，想象胸部的紧张随着呼气全部消逝。

绷紧腹部的肌肉，紧缩腹部，绷紧 5 秒，放松 8 ~ 10 秒，配合呼吸。

绷紧腰部，使之呈弓形。如果腰部疼痛的话，跳过此步骤。绷紧 5 秒，放松 8 ~ 10 秒，配合呼吸。

绷紧臀部，把两边尽量靠拢，绷紧 5 秒，放松 8 ~ 10 秒，配合呼吸。想象臀部肌肉变得放松、柔软。

绷紧腿部肌肉，把脚趾向内弯曲（把握尺度，防止抽筋）。绷紧 5 秒，放松 8 ~ 10 秒，配合呼吸。

绷紧脚，脚趾向下弯曲。绷紧 5 秒，放松 8 ~ 10 秒，配合呼吸。

自上而下放松后，用心感受一下全身是否还有残余的紧张，如果某个部位依旧很紧张，那组肌肉就再重复做一两次绷紧和放松动作。在放松的过程中遇到任何侵入的意识，不要刻意关注，顺其自然。让所有紧张的地方完全放松，享受此时此刻的放松感，忘记焦虑和紧张。

全身有很多肌肉群也可以按照以上方法进行放松，这里没有一一列举，例如下巴、骨盆等，如果需要的话，也可将它们加入训练计划中。

（四）冥想放松法

回到之前张科长的案例，他对公开社交的场景感到焦虑，对自己感到不自信，如果去问他，他一定会有这样的感受："我试着倾听自己脑海中的声音，留意别人在谈论什么，没有任何积极美好的，我多么希望他们闭嘴，但一切仍旧继续。"类似于"我太蠢了""我完全就是一个失败者""那种情况太糟糕、太吓人了"等这样的念头充斥着他的脑海，令他感到头痛不已，在东方哲学中，这被称为"心猿"。简单地说，就是猴子思维的意思。

"心猿"指的是心意好像猴子一样控制不住，形容心里东想西想，安静不下来。有一个故事可以很好地让大家理解"心猿"思维的运作过程：有一只猴子被关入塔中，刚关进来时，它表现得非常激烈，从一面墙跑向另一面墙，不断挠门、尖叫、撕扯自己的毛发。后来，当它筋疲力尽后，它静下心来观察周围，发现其实这座塔非常的安静平和，它可以通过窗户看到美丽的蓝天和森林，它不需要取悦任何人或者遵守任何规则，有那么一会儿它感到满足，直到厌倦感向它袭来，它又重新陷入恐慌中。

这个故事说明：首先，人的思想是会变化的，情绪会跟随思想而改变；其次，对待事物的观点决定了感受的方式；再次，可以给“心猿”一些其他事来做，使它安静下来；最后，当人越关注它，它越会吵闹。因此，使“心猿”平静下来的最好方式就是自己先安静下来，而实现这件事情的最快最有效的方法就是“冥想放松”。

美国的梅林达·瑞恩（Melinda Rayen）博士曾说：“冥想放松可以使我们把精力集中在身心的感受上而忽视强迫性的、反复的担忧和焦虑，可以缓解、治疗慢性疼痛。”

冥想放松法的具体步骤是：

首先寻找一个安静舒适的环境，以舒适的坐姿坐着，穿着舒适的衣服。可以像通常那样盘腿而坐，也可以采用直立舒适的姿势，最重要的是要感觉舒服，因为将以这种姿势进行20多分钟的冥想。

接下来，开始进行冥想放松。将注意力集中在呼吸上，感受吸气时空气进入鼻孔和腹部扩充的感觉，感受呼气时空气慢慢离开身体、腹部缓缓松弛的感觉。将呼吸作为自己的中心，关注当下的感受。

通常，一些过往经历会进入此时的意识，将人带离当前时刻。无论是什么，当它发生时就让它发生，可以去聆听它、关注它、体察它，注意它的强度是增强、减弱或是转移。当它不再占有注意力时，游移结束，继续将注意力集中到呼吸上去。很多冥想训练者最初会发现自己对声音比较敏感，街道上的车市人潮、附近的狗叫、手机的震动等，甚至有时某个瞬间，胃肠的蠕动或者身体的某个部分的感受也会变得比呼吸突出。没关系，继续按照刚才的方法来觉察、感受。

随着吸气、呼气，所关注的东西会不断变化，如果有一些情绪进入当前的意识，那么它也许正是本该关注的。仔细觉察它来自身体的哪部分或者与哪部分有关，感受来自这部分身体的紧张感。如果觉察到一丝颤抖，请关注与此相关的情绪，试着去分辨它、命名它：是沮丧、恐惧、愤怒、难过还是快乐？认真觉察、感受它，一定会发现些什么。当这些情绪不再凸显，回到呼吸上来。如果有其他东西进入当前的意识，按照以上方法去觉察它。

冥想有两个关键点：学会有意识地专注于当下；学会放任某些体验（情绪、生理感受、念头等）自由来去，然后再回到当下。只要某些体验不至于在脑海中越来越强烈地盘旋，让人无法专注于呼吸，那就随它去。如果发现各种念头异常活跃或者已经迷失在各种思绪里以致无法专注于呼吸，试着去命名它们，是困惑？是疑虑？还是其他？然后，同样的，回到自己的呼吸中去。试着去练习每次只关注一个焦点，其他的留待以后再想。不要担心自己会进行错误的命名，这是自身的情绪和想法，命名过程就是在进行探索。

通常，命名会让思绪消失。如果它继续存在，审视自己的身体，看看能否捕捉到与此有关的躯体感受。可以尝试对产生的思绪保持好奇，客观公正地审视它们。如果它们让人感受到不舒服或困惑，轻轻地将注意力返回到呼吸中来。在进行冥想时，无论周围发生了什么，都可以回到自己的呼吸中去，它是可以随时栖息之所。这是自己的经历，放松地进入它，保持觉察和好奇，这是不加评判地探索自己的一种方式。学会保持宽容和开放，这将有助于领导干部将所有经历加以整合，将见证生活以全新的面貌展现在自己的面前。

一次冥想最好进行一段时间，几分钟到二十几分钟均可。当开始进行冥想时，也许会发现有些困难，无论如何，请一定要坚持下去。在练习的过程中，一旦有舒服的感觉，有意识地增加一两分钟，会让冥想的体会更为深刻。

虽然在练习中很难达到完美的境界，但冥想获得的内心的宁静感和轻松感将会是耐心学习、练习的最好回报。练习结束的时候，留一点时间进行自我祝福和鼓励，可以巩固冥想的效果。可以给自己送上几句鼓励性的话语，就像对自己最重要的人来说，比如，可以说“我感到生活是如此美好和快乐”“我有能力面对任何挫折困难”，这只是两个参考的例句，每个人都可以根据自己的情况来鼓励自己。

卡内基·梅隆大学的研究者们曾发现，如果承担的任务量相等，接受连续 3 天、每天 25 分钟冥想训练的人比不接受训练的人焦虑水平显著降低。研究科学地向我们展示了冥想的力量，它将气息、身体与心灵完美结合，从而达到身心的深度放松，为我们释放情绪、降低紧张感提供了完美途径。

以上就是几种常用的释放情绪、放松身心的方法，在熟练掌握各种呼吸法的基础上，学会控制自己的身体，内观自己的情绪、念头，学会冥想，从而将我们的身心从负面情绪的深渊中解救出来，发现生活的美好。

二、系统脱敏来帮你

如果你有心理按钮，你可以通过系统脱敏的方式——直面它，反复地按动它——让它失灵，不再起作用。你越不触碰它，一旦触碰，它带给你的伤害就越大。当你敢于直面它时，它的破坏性就降低了，它就失灵了。

——meiya《你值得拥有最好的一切》

（一）小林的故事

小林是某县基层干部，他热爱工作，经常帮助他人，人缘非常好，然而，他却无法在雨天开车、坐车。一旦在雨天坐到车内，他就感到内心紧张不已，心跳加快，呼吸急促，焦虑感瞬间袭来。原来，他曾经在一场大暴雨中被困在高速公路上三个小时，暴雨引发了一系列的连环车祸，热心的小林未曾受伤，反而参与到救援工作中，他亲眼看见了 2 名男性的死亡以及 5 名受伤人员被送往医院。之后，小林独自坐在车内等待疏通救援。这件事让他对雨天开车产生了恐惧。之后的生活中，只要是雨天，小林就会害怕开车，毫无疑问，这给他的生活和工作带来了极大的不便，也给予他深深的沮丧感。为了避免雨天开车，他不得不走路上下班，即使那天有紧急任务，他也找借口推脱掉，而这种逃避心理反而进一步加剧他的恐惧和焦虑。

通过小林的故事，我们会发现当我们在面临令自己感到害怕担心的情境时，焦虑会自动产生，提醒自己这是让自己害怕的东西，不要靠近它。其实，我们每个人或多或少都会有自己害怕的东西或情境，例如有些人很害怕蛇，有些人害怕昆虫，有些人对乘坐电梯感到担忧，等等。现在可以想想，自己经常担忧些什么又害怕些什么呢？什么情况会让自己经常感到焦虑呢？如果有什么答案显现在脑海中，那么就来一起学习新的化解焦虑的方法——系统脱敏法。

（二）系统脱敏法

行为心理学家华生（Watson）早期进行了许多实验，旨在治愈儿童的恐惧症和焦虑症。华生和他的助手以七八岁的儿童为对象，这些孩子有一个共同的特点，都非常害怕动物（如老鼠、兔子等）。首先，他将这些孩子们恐惧的动物放在远处，之后渐渐又将孩子与动物之间的距离缩小。同时，华生和孩子们聊天，转移他们的注意力，可以猜猜发生了什么结果？大约20分钟后，孩子们就不害怕了，并开始抚摸这些小动物。这一过程被称为系统脱敏法，有着显著的效果，经过几次实验后，孩子们摆脱了恐惧感和焦虑感。

系统脱敏法包含现实系统脱敏和想象系统脱敏，它利用逐渐接近技术和放松疗法实现对焦虑和恐惧由易到难的消除。逐渐接近术就是一次成功迈出一小步，通过小步的成功积累，最终实现目标。因此，系统脱敏技术首先就是将靶目标细化为一步步的子目标，通过循序渐进地增加难度，最终接近靶目标。过程中，可以使用虚拟化的意向指导，也可以使用生活中的真实物品。

针对小林害怕雨天开车的情况，我们将教会他运用系统脱敏疗法。首先，引导他将焦虑对象——下雨天开车划分为十个等级，对他来说，第一级等同于开车进入车道，第十级等同于在暴雨中开车走在高速路上。由一至十等级逐渐增高，难度越来越大。之后，找一个舒适安静的地方，让他躺在沙发上，闭上眼睛，一边进行放松呼吸，一边想象令自己放松的情景，例如美丽的沙滩、安静的乡间小路等，无论什么，只要能让自己感到放松就可以。系统脱敏法要求小林一定要熟练掌握放松练习，一旦在训练过程中感到恐惧或焦虑，可以用它来拯救自己。然后，开始进行系统脱敏练习，先进行一个放松练习，接着进入第一等级，想象自己开车进入车道，然后进入第二个、第三个……一次一个等级，原则上一次脱敏训练不要跨越三个等级，尤其是后面比较难的等级。如果在某一等级上小林感到有一点点焦虑，则立即切换到放松练习，等到他完全放松后，退回到上一个等级开始训练，完成后再进入刚才感到焦虑的等级，按照这样逐步推进，直至他能够轻松应对第十等级。最后，想象自己能够在雨天开车并不是结束，终极目标是克服现实中的恐惧，因此还必须不断强化训练，直至小林能够轻松地在现实中开着车，行驶在下着雨的高速路上。

人的生物本能会让我们逃避焦虑感，并远离使我们感到焦虑的人和事，这样做可能会暂时缓解紧张情绪，但是这只是暂时的平衡，越是逃避，往往越容易感到焦虑。既然如此，我们何不勇敢地去面对呢？

避免真正的焦虑和恐惧，例如小林害怕遭遇车祸、你害怕从很高的梯子上掉下来，这些想法都是合理的，但是如果因此就拒绝安全的地方（如车子、电梯）或安全的人（如朋友、亲人），那么这只会加剧焦虑感。系统脱敏法会帮助领导干部有规律地去接触、面对容易引发焦虑的情境，渐渐地将之与放松相联结，打破之前场景与焦虑联结的模式，从而帮助领导干部能坦然地面对焦虑和恐惧，轻松地工作和生活。

（三）暴露与反应阻断治疗

行为心理学家研究发现，当人在相当长一段时间内不得不暴露于最为焦虑、恐惧的刺激面前，会渐渐习惯它的存在，恐惧感、焦虑感也就自然消失了，这就是名为“暴露与反应阻断治疗（ERP）”的行为疗法。它最初由英国心理学家维克多·迈耶（Victor Meyer）提出，在数十年的实践中被不断证实比其他方法都更加有效。暴露与反应阻断治疗主要指：将来访者暴露于其最为担心的事物面前，但不允许其做出回避或逃跑反应。这也可算是系统脱敏的极致，即一下子给予最强烈的刺激，让人逐渐适应这种情境。当然，作为领导干部，如果没有足够的勇气或能量去面对强烈的刺激，还是建议按照上述系统脱敏的方法来进行改善，毕竟暴露与反应阻断治疗法运用不当会令人崩溃，甚至会对身体造成伤害，建议在心理咨询师的指导下进行。

三、简单生活“断舍离”

从加法生活转向减法生活很重要，并不是心灵改变了行动，而是行动带来了心灵的变化。

——山下英子《断舍离》

看到这个标题，大家一定会好奇什么是“断舍离”？现代社会带来丰富的物质、无孔不入的信息、繁琐复杂的人际关系等，这一切都给了人们无数的烦恼和沉重的负担，使得大多数人在不知不觉中陷入焦虑的漩涡之中，而“断舍离”背后隐含的“减法”生活的方式可以从根本上来解决这些问题。从字面上来解释，“断”“舍”“离”三个汉字全部包含减法的意义，“断”就是要断绝不需要的东西，“舍”就是舍弃多余的物品，“离”则是脱离对物品的执着，它的实质要领都是从这三个方面延伸展开。

因此，在对付生活中的焦虑时，尤其是领导干部在工作和生活中产生的焦虑时，特别建议学会“断舍离”这个方法，学会做“减法”。当然，对于一路做着“加法”走过来的现代人，固有的“加法”理念根深蒂固，领导干部需要不断地去学习接受“断舍离”的理念，将它运用到自己的生活、工作和精神层面上。

（一）物品的“断舍离”

生活中“断舍离”的焦点在物品上，筛选必要物品是一项重要的工作。在筛选的过程中，领导干部需要考虑两个维度，一个是关系轴，即我与物品的关系；另一个是时间轴，即我们所处的当下。换句话说，“断舍离”中的收拾就是要扪心自问物品与当下的自己是不是有关系，从而对物品进行有效选择、取舍的过程。

1．“断舍离”与收纳术的区别

同样是对物品进行收拾整理，“断舍离”与整理收纳术的区别在哪里呢？首先，“断舍离”的目的并非将房间变得干净整洁，而是通过收拾的过程了解真实的自己，并喜欢这样的自我，体会到自我接纳感。其次，“断舍离”的主角不是物品，而是我们自己，考虑的是自己还需不需要这些物品。“扔了它多可惜啊”这种想法就是将物品当做主角了。此外，“断舍离”

可以让居住的空间保持变动流转状态，不断筛选物品的数量，而整理收纳术则是着重于如何保存物品。

让我们来看下某基层领导干部王某冲动下进行的收纳行为：当王某看到自己凌乱不堪的衣橱时，下定决心要进行整理，买回来大大小小各种型号的收纳箱，将衣服分门别类地进行整理，完成后看到整洁的衣橱感到心满意足。然而，当王某想去找某件衣服的时候，面临着巨大的问题：王某不知道这件衣服在哪个箱子里，或是被压在了哪个箱子的最下面。最终导致的结果就是，她一直使用的就是那些容易拿到的衣物，而那些很难拿到的就失去了利用价值，这真是令人沮丧啊！从“断舍离”的理念来看，王某只是对物品进行了整理收纳，却没有对物品和自我的关系进行分析，没有减少物品的数量，只是将它们藏起来了，这只是一种“治标不治本”的行为罢了。

整理收纳术是在不减少物品的基础上，花费大量的时间、空间、劳力、精力来进行整理，而“断舍离”是从根本上考虑自我与物品的关系，对物品进行简化、选择、取舍，为我们节省出时间、空间和精力，事半功倍，从而创造出清爽的环境、富余的好心情。

2. “舍”的行为有点难

“实在扔不了”这句话在领导干部身上出现的频率相当高，这是一种与自身能力相联系的说法。可是，扔还是不扔，这是完全能够由自己决定的事情，却说得像是物品在做顽强的抵抗，将“罪过”放到了物品的身上。绝对“扔不了”的东西是非常罕见的，其实主要问题还是出在领导干部自己身上。“扔不了”这句话其实反映了内心深处“我不想扔了它”的情感，理智上明白“非扔不可”，但内心的情感却无法认同。其实，这就是领导干部的大脑和心在对抗的过程。扔不掉的东西，实际上是自己把情感转移到物品上，并产生了“扔不掉—不想扔”的结果。

舍不得扔是一种情况，另一种舍不得的情况是“舍不得用”，许多好东西因为舍不得用而被藏起来。“断舍离”概念的倡导者山下英子认为，有好东西舍不得用而把它收起来，并且去用比较差的，这样你的品位永远无法提升，也会影响别人看待你的态度。明明有更好的东西，却为了“可惜”“舍不得”而去用次等的物品，这其实更是一种浪费和亏待。例如，许多人会将自己穿旧了的衣服当作家居服和睡衣来再次利用，这完全违背了穿家居服和睡衣的意义，家居服和睡衣是为了更舒适，而非意味着穿着随便或邋遢。舍弃之后，才能找回真正的意义。

有许多领导干部是从物资匮乏的年代走过来的，扔东西对他们而言非常困难，因为扔掉的东西会让他们感到太可惜了。他们的关注焦点总是在物品身上，根本找不到扔掉物品的正当理由。即便东西坏了，修理一下依旧可以用。这些都是可以理解的，然而当代社会已经发生了巨大的变化，我们真正应该珍惜的，应该是物品与我们之间的关系，是物品对于我们的价值，而非物品本身。

“舍”的行为有点困难，其实实现它有一个秘诀，就是完全以自我为中心，并且以当下为时间节点。在实行“断舍离”的过程中，我们大部分在做的是基于关系轴和时间轴的收拾工作。从行动上讲就是扔掉——“舍”。“断舍离”的目的并非丢弃，当然，一开始肯定会扔掉一大堆东西，这也是认识物品与自我之间关系的一个必经过程。作为主人，领导干部要以长远的眼光去看待，而不能因为过度看重“可惜”而牺牲更加重要的事物。如果把用不上的物品放进袋子里扔进储藏室，那不叫“舍”，只是将物品换个地方存放而已，是移动。真正的“舍”是要将东西扔出家门，彻底断绝与自己的关系。这样做了以后，才能在空间中留下对当下的自己合适且有用的东西。

许多人会有疑虑，把东西扔了的话，会不会对自己的生活产生影响？首先，对于还未发生的事情，如何确定一定会产生影响呢？我们的生活中，多多少少总会经历一些困难和挫折，现实中的结果就是面对它，努力克服它们可以了。再者说，因为扔了某件物品而感到的困扰，其程度应该也不会非常严重，最多也就算是有点小麻烦而已。不要将焦点总是放在扔掉之后可能会出现的而实际上却没有发生过的“不安”上，心中要坚定不移地相信，“有需要的东西一定会在需要它的时候派上用场”，积极乐观地生活，人生才会变得更有意义。面对生活中的困境，我们总是会焦虑不堪，通过“断舍离”取舍物品来训练自己，让自己有所领悟，认识真正的自我需求，最终能够心怀勇气，过更好的人生。

3. 建立“断”的观念

从日常生活中不难看出，物品的数量与物品主人的不安程度是成正比的。越是不停地囤积，不安感就越强烈。只要我们把焦点一直放在不足和不安上，无论拥有多少，永远都无法安心。领导干部一旦开始践行“断舍离”，就会慢慢感受到储备和囤积的不同，储备是为了对预想的状况进行危机管理，而囤积则是为了消除自己的不安而进行的毫无计划、不加节制地购买。

当领导干部顺利进行“舍”以后，还必须建立“断”的观念，否则“断舍离”的工作无法彻底完成。打个比方，工作空间中塞满了不需要的物品，就像河流中堆积着淤泥一样，它们逐渐占据了空间，而当我们将淤泥清理干净后，如果无法阻止上游的泥沙继续流入，那么清理的工作将毫无意义并且永不停歇。因此，断绝不需要的东西这个观念非常重要。

该如何对物品进行“断”呢？领导干部应该遵循这样的原则：站在相对宏观的时间轴上，严格筛选和限制每一个进入到你生活工作空间的物品，其标准与“舍”的标准一样，不是考虑这个物品“我有没有”，而是“我需不需要”，关键要考虑“我”。只有自己真正需要的物品才能进入，而不是被商家的“打折”“促销”“赠品”等五花八门的营销手段所诱惑，购入一些自己根本不需要或者很快就会失去兴趣和利用价值的物品。

很多“断舍离”的成功践行者最终会发现，“断舍离”的有效实施会使身边的物品越来越少，也会使那些真正需要的物品给自己带来足够的信任感，当然，前提是这些物品都是在自己主动做出选择、决定和筛选而留下来的。从“如果没有这个物品就糟了”的不安到“没有这个物品也没关系”的自信，会让我们的内心更加强大。我想，不断完成“断舍离”的训练会让领导干部渐渐体会到，“增加、变多就是幸福”只不过是自己一厢情愿的片面想法罢了。

物欲横流的社会，物品丰富的生活，人们每天都在担忧、烦恼、焦虑、不安，领导干部更是经常被焦虑感折磨，而“断舍离”能够带来物品的有效选择、环境的不断简化，最终营造更加轻松的生活状态和愉悦的心情。

（二）运用“断舍离”来工作

领导干部除了对生活中的物品需要进行彻底的“断舍离”之外，工作上也应该贯彻这一理念。由于在工作环境中进行“断舍离”，不能像在进行物品抉择时那样痛快地扔掉，此时，领导干部应当按照这样的原则来进行筛选：留下当下需要用到的，收纳之后会用到的，整理归类可能会用到的，扔掉一直不会用到的。

1. 三种扔不掉东西的人

山下英子总结过，有三种类型的人扔不掉东西。第一种是逃避现实型，他们太忙碌了，几乎没什么时间待在家里，更别提收拾屋子了，可想而知，他们的忙碌也会让他们没有时间去整理自己的办公室；第二种是执着过去型，即便是现在不会再用到的过去的东西，他们也非得收着不可。很多人喜欢保留多年前自己完成的作品，即使对现在的工作毫无意义；第三种是担忧未来型，他们致力于投资不知何时会发生的未来的不安情况，如果不这么做，就会感到缺乏安全感、感到困扰、焦虑不安。这三种类型的人，总有着自己的理由不去舍弃东西。

2. 工作中要着重思考

有效的收拾工作需要进行思考，因为收拾是一种对物品进行选择、取舍的过程，如果不经思考的话，无法进行准确的判断和有效的“断舍离”。同样，工作中的“断舍离”更是需要仔细的分析和思考，它需要领导干部拥有极强的信息处理能力和决策能力。

当领导干部在工作中遇到困境而焦虑不安时，不妨运用“断舍离”的理念来进行思考。“断”指的是选择当下有价值的物品，工作中我们遇到纷繁复杂的信息，有很多干扰信息，此时我们就必须通过思考来进行抉择，选择对当前工作有用的；“舍”指的是物品在当下应该出现在需要它的地方，工作中也同样适用，什么样的工作需要做怎样的信息准备，无须添加其余无用的信息扰乱思路，要勇敢地抛弃那些干扰的东西；“离”指的是物品处于恰当的位置才能事半功倍，在工作过程中，将精挑细选的信息放置在合适的位置上，往往会取得比较好的成果。

扔不掉东西的人有三种类型，而这些类型在男女之间也有一定差异。大部分男士是执着过去型，换句话说，他们比较喜欢收藏，会毫无缘由地收藏各种卡通模型、获得的各种荣誉、各种看过的漫画书等，这些东西被当做宝贝一样收藏着，但是当事人几乎没有考虑过自己和它们的关系。看到这里，你们可以对照着去想想：自己是否有这样的倾向呢？无论是在生活还是工作上，你是否也有这样的收藏爱好呢？在这种情况下，必须要分辨出你是喜欢物品本身还是仅仅喜欢收藏这个行为，如果是前者，无论物品有多少都是有意义的，而后者只是为了证明自我存在感。

可以立马看看自己的办公桌，上面有多少东西是已经过期作废的，有多少是正在处理的，又有哪些是即将要处理的呢？同时，看看自己的抽屉里，有多少东西是你收藏着而自己都不清楚有什么用处的宝贝呢？那么，从现在就开始行动吧，舍掉那些过期作废的东西，清理那些自认为的“收藏品”，把空间留给目前正在处理的工作和即将要处理的信息，让自己更加清晰、有计划、有条理地进行工作。明朗清晰的工作环境将有助于驱赶工作上的焦虑感，让领导干部以更轻松愉快的心情来迎接挑战，完成自己的既定目标。

（三）心灵的“断舍离”

笔者曾经看过一部名为《购物狂》的电影，女主角是一个有着严重购物欲望的年轻人，她控制不住自己购物的欲望，家中堆满了物品，自己更是负债累累。其实，这种行为的深层次原因还是心理问题，心中的不安、焦虑以及莫名的欲望需要这些物品来填充，因此我们对物品进行“断舍离”的过程，实际上更是对我们的内心进行“断舍离”。

1. “断舍离”——寻找物品与我的关系

现代人应该会遇到这样一种状况：身边的物品越堆越多，却怎么也丢不掉，因为“舍不得”“好可惜”；不断地去买新的东西，因为“万一没有”“总有一天会用到”；想把屋子收拾一下，却总是因为“很麻烦”“费时间”而放弃。通过学习和实践“断舍离”，人们将重新考虑物品与自己的关系。“断舍离”的主角不是物品，而是我们自己，它让我们学会从关注物品变成关注自己——我需不需要，然后将那些“不需要、不适合、不舒服”的物品全部淘汰。最终，环境收拾得清爽了，自然而然地也与内心的“垃圾”说再见了，心灵环境得到改善，从外到内，焕然一新。

通过实践“断舍离”，准确判断物品与自我的关系，最终人们将清空环境，清空杂念，过上简单清爽、自由舒适的生活。

2. “断舍离”——真正的自我

在遇到情绪困扰时，很多人的第一反应是逃避，实在逃不过去就希望一瞬间可以改变现状，要知道改变自己可不是轻易就可以做到的事情。不过，可以从改变环境来开始，也许在这一过程中你会体会到一种美妙的感觉——一直堵着的某些东西也被清理掉了。“断舍离”认为，滞留的物品是“不安与担忧”的象征，一旦将这些东西清除，会对潜意识起到很大的改善作用。通过这个过程，领导干部可以从看得见的世界走入看不见的世界，最终能够更加深刻彻底地了解自我，接纳真实的自己。

物品能够投射出我们与它们的关系以及自我本身，每个人的发现会有所不同。实质上，“断舍离”就是一个进行自我诊断、治疗、痊愈的过程，领导干部可以从中找到隐藏的真实自我，得到一种自我肯定感。渐渐地，会喜欢上这样的自己，而在此时领导干部会获得一种力量，山下英子将之称为俯瞰力。俯瞰力指的是一种站在高处、运用广阔的视野、用整体的观点来掌握事物的能力，它是瞬间掌握当下“需要、合适、舒服”的东西，使我们有意识、自在、果敢、快乐地度过人生的力量，也是实现领导行为的重要胜任能力之一。俯瞰力的形成并非一朝一夕就可完成，它需要我们认真检视自己的物品，然后不断加深自己的洞察力、不断提高自己的观点高度、不断扩展自己的视野，最终才能以整体性、高远的目光来审视自我和整个社会。运用俯瞰力，领导干部将会在面对人、事、物时将力量运用得恰到好处。运用俯瞰力，领导干部可以全方位认识自己的焦虑情绪，深刻地洞察它，只有在理解的基础上，才能去接受、解决它。

3. “断舍离”——接纳现状，立足当下

“断舍离”理念提出，在说“谢谢”之前应该先说“对不起”。也就是说，通过物品来直面自我的时候，应该勇敢承认自己的错误，并且去全身心地感受这种不舒适感，最终完全接纳它。每当领导干部面对负性情绪时，不敢面对现实，勉强表现出来的积极乐观其实是在麻痹自己，最终反而会造成更多的痛苦。

“断舍离”告诉我们：首先赦免自己，接下来接受现状。也就是说，领导干部不必对于无法整理过于苛责，接受这个现实，并从当下开始起步。“断舍离”的目的并非把物品全部扔出家门，它是通过直面物品与自我的关系来找到真实的自我、勇敢地面对真实情感，使我们不再逃避不舒适感和罪恶感，并借助这一过程进行自我疗愈。它将会培养领导干部的觉悟和勇气，使之积极地面对焦虑感，做脚踏实地的乐观者。

无论是谁，都容易在遇到伤痛时迷失自己，也会产生压抑不住的焦虑、悲伤、愤怒等负面情绪，在这种情况下，与其着急地来处理这些情绪，倒不如接纳这样的自己，这样反而轻松一些。有些急性子的人非得想方设法在第一时间去控制这些负面情绪，最终只能是更加焦虑，无功而返。

因此，笔者要提醒大家，不要仰望山顶，渴望一蹴而就。越是不擅长收拾东西的人，一旦开始进行“断舍离”，就容易一下子向高难度进行挑战。例如，“我一定要将那些堆积如山的衣服统统解决”、“我要把那些未读信件全部解决掉”，然后由于没法完成而自责不已。以前考试的时候，老师曾经教过我们的一个答题技巧是“先从会的题目开始做”，那么在收拾的时候，为什么一定要先挑战高难度呢？首先领导干部必须搞清楚自己所处的位置，立足当下，才能以明了、淡然的心情向前出发，一步一个脚印地进行攀登，最终攀登到山顶看到曙光。

面对焦虑情绪，每个人都希望赶快将它消除，然而这种想法是不现实的。此时，领导干部可以通过物品的“断舍离”来认识真实的自我，理解产生这样的情绪是很正常的，不要着急，完全接纳它，然后立足于当下的情况来寻求解决办法。

4.“断舍离”——放下执念，简单生活

“断”指的是断绝不需要的东西，在入口取舍物品的行为；“舍”指的是舍去不需要的东西，在出口清理的行为；“离”则是指脱离对物品的执着，也就是不断实践“断”“舍”最终实现的一个状态。这里的“离”不仅仅指家中的物品，也包含信息、人际关系、思考方式、情绪情感等各个方面。因此，要彻底解决焦虑的情绪困扰，领导干部必须实现“离”这一状态。

“丢弃”是“断舍离”理念中的一个关键词，除了日常生活的整理，“断舍离”更加注重对内心的整理，它本质上是一种教导人们放下心中执念的理念，是一种积极的生活态度，更是一种积极的哲学观念。每个人都会有欲望，最难舍弃的便是内心的执着，这种执着隐藏在潜意识中，因此，要想克服这种执着就必须不断反复地进行“断舍离”实践。大部分压力都来源于领导干部自身，要想获得自由和轻松，现在就行动起来，丢掉对物品的执着，让周围的环境变得清爽，内心的压力也就自然而然地释放出来。

“断舍离”的最终目标是让每一个人都快乐起来，《断舍离》这本书中介绍了不少案例，案主们通过学习实践“断舍离”，重新认识自我、肯定自我，对别人和自己都变得宽容，从而构建了良好的人际关系，解决了负面情绪问题。

当领导干部逐渐放下心中的执念后就会发现简单生活的妙处。“八分饱”这个说法蕴含着祖先们不足为贵的智慧，也就是简单的状态才是生活的终极状态。俗话说得好：月满则亏，水满则溢，人满则骄。人生需要留白，因此简单生活的理念正逐渐被大家所接受。所谓的简单指的是不随便接纳，拥有的物品、信息、人际关系等都应该控制在自己的能力范围之内，否则过剩造成的不健康——焦虑等负面情绪就会侵袭我们。

简单生活是一种健康的生活状态，是一种独特的思考方式，甚至是一种心灵的修行。领导干部从物品的筛选逐渐提升到对自我的探索，通过这一过程来发现、肯定自我，重新认识自己的内心世界和外部环境，通过改变肉眼可见的世界，从而改善自己难以看见的精神世界，从外到内进行“断舍离”，彻底实现简单生活。

作为领导干部，身上肩负着人民的期望和自我的抱负，既希望自己能够造福百姓，也希望实现自我价值。然而，在面对凌乱的生活状态、复杂的工作环境和充满诱惑的社会现实时，压力与日俱增，焦虑感扑面而来。此刻，领导干部必须学会“断舍离”——断掉外界的压力和诱惑，舍弃自己不需要的人、事、物，脱离内心的执着和欲望。从生活、工作、内心各个方面进行“断舍离”，不断磨炼自己的观察力，立足于当下，深刻认识真实的自我，接纳自己的焦虑感，运用适当的方法进行排解，循序渐进，逐渐消除负面情绪，最终学会放下执念，简单快乐的生活，成为一个健康快乐的人。

四、健康饮食与运动

人如果吃不好，就不能好好思考，好好爱，好好休息。

——弗吉尼亚·伍尔夫

运动的作用可以替代药物，但所有的药物都不能替代运动。

——蒂素

身体是革命的本钱。焦虑情绪经常会在躯体上表现出一些症状，如胸闷、头晕、失眠等。因此，领导干部必须寻找一些有效方法来控制这些症状，而健康的饮食和运动不仅可以消除这些因焦虑产生的躯体症状，同时也有助于消除焦虑情绪本身。身体是一切的基础，要想有一个健康的心理状态，必须拥有健康平衡的体魄。

（一）学会健康饮食

人类的饮食丰富多彩，各种食物都有其各自的营养优势。营养学家普遍认为食物不分好坏，只要是符合食品安全卫生要求的，都是好食物，关键在于我们如何选择和搭配。

1. 健康饮食的关键在于平衡

日常膳食包含了五大类食物：谷类及薯类、动物性食物、豆类和坚果类、蔬菜水果菌菇类以及纯能量食物。每一类食物都含有不同的营养，任何一种食物都不可能包含所有的营养成分，因此只有保证摄取食物的多样化、均衡化才能真正满足我们身体的需要。从营养学角度看，越多、越杂的食物品种，越有利于营养的吸收和利用。

谷类食物是我国膳食系统的主体，我们每天的大部分能量都来源于它，是中国人的主要食品。平衡膳食，谷类食物应该占据重要地位。《黄帝内经》提出：五谷为养，养人之精气。

然而在现实生活中，许多女性为了减肥长期不吃主食，许多男性应酬时只喝酒吃菜，主食吃得较少。长此以往，人的“精气”就会慢慢损耗，不利于养生。人体需要碳水化合物、蛋白质、维生素、矿物质等各种营养元素，只有各种营养均衡，我们才能充满生机活力，拥有健康的身体和心灵。

第一，粗细搭配。《中国居民膳食指南》强调，粗细搭配有利于合理摄取营养素。随着经济水平的发展，食物资源越来越丰富，人们的日常饮食也从“粗”变“细”。可是，随着食物的精细化，肥胖、糖尿病等现代病的发病率也越来越高，因此，人们又开始将饮食结构由“细”转“粗”。事实上，科学研究告诉我们，过于精细或者过于粗犷都是不对的，应该合理搭配，平衡粗细。很多人认为摄入碳水化合物会导致发胖，其实不然，它不仅是运动的动力，更是大脑能量的唯一来源。因此，在运动过后，最应该补充的就是碳水化合物，碳水化合物的摄取不足会对学习、记忆、思考力造成一定影响。当人感到焦虑不安时，不妨摄取一定量的碳水化合物，这样大脑就会有足够的能量来应对焦虑。

第二，蔬菜水果必不可少。蔬菜属于碱性食物，是一种低能量、高微量营养素、高植物化合物食物，是维生素 C、胡萝卜素、膳食纤维等营养元素的良好来源。蔬菜不仅可以帮助人体进行排毒，还具有抗病毒、抗氧化的功效。按照《中国居民膳食指南》的提示，我们应该选择新鲜、应季、品种丰富的蔬菜，采用清淡可口的烹调方式，每天应摄入 500 克蔬菜，这才是健康生活的重要标准。说完蔬菜，必然会想到水果。世界上水果品种繁多，不同的水果有着不同的效果，因此，我们必须根据自己的体质来选择。水果根据属性，一般可分为温热、寒凉、甘平三类。温热类水果包括大枣、桃、桂圆、荔枝、菠萝等，体质燥热者应慎食此类水果；寒凉类水果包括柑橘、香蕉、雪梨、柿子、西瓜等，体质虚寒者应慎食此类水果；甘平类水果包括葡萄、木瓜、枇杷、山楂、苹果等，此类水果适合各种体质的人。先认识自己的体质，再配以相似性质的水果，这样才能达到保养身体的作用。当然，任何一种水果吃多了都不好，过犹不及。日常生活中，蔬菜水果不能相互取代，都需要均衡摄入，并且水果的含糖量较高，不宜吃太多。

第三，牛奶、鸡蛋、肉类均衡调配。《中国居民膳食指南》建议我们每人每天摄入 300 克奶或相当量的奶制品，再加上其他食物中的钙，就基本可以满足人体需求了。牛奶中的钙含量丰富且易于吸收，是最好的钙来源，因此，笔者建议大家每天都要喝一杯牛奶。另外，鱼是一种低脂肪、高蛋白的食物，蕴含丰富的营养元素，鱼肉对人体有多种保健功能。有营养学家建议，吃肉的话，四条腿的不如两条腿的，两条腿的不如无腿的。也就是说吃畜肉不如吃禽肉，吃禽肉不如吃鱼肉。

蛋类的营养元素不仅丰富，而且质量很好，是一种理想的天然补品。它含有大量的维生素、矿物质和优质蛋白质，对修复组织、参与复杂的新陈代谢起到重要作用，因此，笔者建议每天可以吃一个鸡蛋来补充营养。

第四，烹调需要注意的问题。烹调食物时，最好用植物油，因为人体对植物油的消化利用率比较好。另外，口味不要太重，清淡饮食，成人每天在摄取食物的基础上再摄入 3 克盐即可满足对钠的需求。有研究证实，盐的摄入量过多会导致高血压、胃炎等疾病。

2. 三餐——吃的文化

吃饭时应该细嚼慢咽，这样更有利于健康。细嚼慢咽可将食物充分研磨，有助于消化，减轻肠胃负担；细嚼慢咽可以锻炼面部肌肉，促进局部血液循环，使大脑更加活跃；细嚼慢咽还可以避免过度进食。

第一，早餐的重要性。俗话说：早饭要吃得像皇帝，午餐吃得像平民，晚饭吃得像乞丐。这句话形象地指出了早餐的地位。研究表明，不吃早餐导致的营养元素不足很难再从午餐和晚餐中得到充分的补充，因此，领导干部每天都应该吃丰富的早餐。不吃早餐可能会导致比较严重的后果：注意力不集中，工作效率低下；易患消化道疾病；易患动脉硬化；易患胆结石；易导致肥胖；皮肤容易干燥、老化；加重一些慢性疾病的病情。

第二，健康午餐提供能量。午餐在一日三餐中起到承上启下的作用，经过一上午紧张的工作和学习，早餐提供的能量已经被消耗，这时，优质健康的午餐至关重要，需要给下午的工作和学习提供能量。健康的午餐应该以五谷为主，配合蔬菜、水果、蛋类、鱼类，并减少油、盐及糖分的摄入，同时讲究1：2：3的比例，即一份肉鱼蛋，两份主食，三份蔬菜。

第三，晚餐要适当。有很多领导干部晚上会有应酬，吃喝几个小时后才回家；有的人吃饭很晚，八九点甚至十点才开始吃晚餐；有的人喜欢熬夜后吃夜宵，吃完夜宵马上睡觉。这些都是不好的习惯，会对身体造成一定的损害。晚餐需要遵循三个原则：一是晚餐要早吃，一般在晚上六点左右，八点后不要进食。二是晚餐内容要偏素一点，多摄入一些新鲜蔬菜，尽量减少高蛋白质、高脂肪类食物。三是晚餐要适量，晚餐吃得过多会增加消化系统的负担，容易导致失眠、多梦等症状。

领导干部时常会遇到加班、出差、应酬等情况，此时不可避免会外出就餐。有调查显示，在外就餐时，脂肪类的摄入增加，碳水化合物的比例下降。饭店菜品的盐、油、酱油含量比较高，摄入过多的钠会对身体造成一定的危害。因此，领导干部更应该学会科学地外出就餐：找一个良好卫生的就餐环境，点菜时注重荤素搭配，多选一些蒸、炖、煮等方式烹调的菜肴。另外，如果饮酒或喝饮料的话一定要适量。记住，控制饮食的平衡才能打造一个健康的身体。

3. 水乃生命之源

我国《隋自居·饮食篇》中有："人之饮食，首重为水。"美国著名水专家、营养学家马丁·福克斯（Martin Fox）在其权威著作《健康的水》中说："水比食物更重要，没有食物，我们可以存活几周，但是没有水，我们几天后就会脱水而死。"可见，水对我们来说是多么的重要。人体每天摄取的水量和排出的水量应该是保持动态平衡的，一旦缺水，将会导致非常严重的后果。

第一，喝对水更加健康。摄取水不仅仅就是不停地喝水，还需要注意自己是否喝对了水。喝水注意以下几个原则将会更加健康：一是好喝的水未必对身体有益，如饮料、咖啡等，而白开水虽然不好喝却是真正有益的水，它是最符合人体需要的饮用水；二是饮水要少量多次，不能等口渴了再拼命地喝水，此时身体已经缺水了，而且猛喝水不利于水分的吸收；三是夏天避免喝冰水，专家指出，喝大量的冰水容易引起消化系统的疾病，夏天喝10℃左右的淡盐水比较合适。

《中国居民膳食指南》给了我们建议："在温和气候条件下

生活的轻体力活动的成年人每天最少饮水 1200 毫升（约 6 杯）。”事实上，这个数值并不是最佳值，而是最少量，因此，我们应该根据自身的情况来摄入不低于 1200 毫升的水。

第二，饮茶的好处。茶是一种古老而传统的“饮料”，它与人们的日常生活密不可分，真正的爱茶者“宁可一日无油盐，不可一日无茶饮”。有研究表明，茶中富含茶多酚等多种有益成分，能够补充人体所需的多种维生素、矿物质以及活性物质。不过，不同的茶功效不尽相同，因此我们要选择适合自己的茶，这样才能事半功倍。饮茶还有几点需要注意：不宜空腹喝茶，不宜睡前饮茶，不宜饮隔夜茶，不宜长期喝浓茶。如果感到焦躁不安了，不妨坐下来饮一杯茶，体会茶香带来的情绪改变。

第三，饮酒有节制。中国是世界上最早酿酒的国家之一，从古至今，饮酒已经成为沟通情感的必不可少的方式，“无酒不成席”完美地诠释了中国的酒文化。那么饮酒时需要注意些什么呢？原则上尽量少喝酒，实在不行要选择低度酒，切忌空腹喝酒，不可同时饮用碳酸饮料，饮酒后可多喝白开水，喝酒前最好喝杯牛奶。不过，为了自己和他人的健康，饮酒一定要节制，把握好“度”，千万不要损害自己的身体。

公务接待中违规、过度饮酒是多年的顽疾和陋习，带来了许多不良影响，不仅极易造成接待费用超标，严重影响领导干部队伍的形象，而且对领导干部的身心健康也易造成损害，直接影响工作和生活状态。中央八项规定实施以来，各地严格落实公务接待的相关规定，推出简化减少接待、升级“禁酒令”等举措，为领导干部减轻了负担，提升了形象，并且赢得了大众的支持。规定实施六七年后的今天，领导干部已经从“不能喝”渐渐转变为“不想喝”，达到了从量变到质变的效果，形成了良好的社会风气。

最新的《中国居民膳食指南》向我们介绍了平衡膳食宝塔，告诉我们每天应该摄入哪些食物及其适宜的量，形象生动地展现了运动、饮食、健康之间的关系。加之前文的分析，领导干部健康饮食的关键在于平衡，平衡不同类型的食物，平衡身体内外的状态，最终达到身心平衡，焦虑感等负面情绪自然会消失。

（二）此刻开始运动吧

《中国居民膳食指南》不仅向我们详细介绍了各种类型食物的作用、价值，还特别提出要在“宝塔”外面修一条路，即身体活动6000步，也就是建议我们去运动。生命在于运动，运动可以增进食欲，促进我们对食物的吸收，也可以锻炼身体。运动锻炼可以减少致人抑郁和焦虑的免疫系统化学物质的生成，让人感到格外轻松。同时，锻炼还可以释放“让人感觉良好的大脑化学物质”，包括神经递质和内啡肽，从而降低焦虑水平。

在当代快节奏、高压力的社会环境下，久坐不动逐渐成为脑力劳动者的行为常态，这其实破坏了我们的本性，成为我们长期生存的最大威胁之一。因此，我们必须要强化这种观念，即运动对我们的身心健康有着极其深远的影响。运动不仅仅有助于释放压力、减轻肌肉张力、增加内啡肽，它令人感到愉快的真正原因是使我们的大脑处于最佳状态。

1. 运动带来的好处

科学家科特曼（Cotman）曾说：“运动最显著的一个特征

是，它能提高学习效率，但有时候人们在研究中会忽略这一点，所以我认为这绝对是一个非常棒的重要信息，因为这意味着，如果你身体健康，就能更有效地学习和工作。”运动能够提高领导干部的理解力，增强注意力，激发兴致并减少不安感，对生活更加富有激情和活力。运动给身体提供了刺激，这种刺激给大脑创造了一个能够做好准备、愿意并且有能力去学习的环境。有氧运动可以调整可能失衡的系统，优化未失衡的系统，使得大脑中的神经递质与其他化学物质之间达到平衡，这会改变领导干部的整体状态。

2. 运动对焦虑的作用机制

焦虑是对发生的威胁的一种自然反应。有时，焦虑可以提高注意力，有利于应对挑战。生理状态上会出现紧张、烦躁、心跳加快等症状，情绪上会出现忧虑感。如果为不存在的威胁而感到焦虑，那么，焦虑会压迫人的意识，使人的大脑失去洞察力，让人无法正常思考。人选择处理压力的方式会改变自身的感受和大脑，而情绪对自己的影响程度关键在于控制，运动不仅控制着情感和生理上的压力感觉，还在细胞水平上起作用。运动本身就是一种压力形式，它虽然也会损伤细胞，但是修复机制会为即将到来的挑战留下更加强壮的细胞，压力使它们更有适应力。

当我们在运动时，生理上会出现心率增加和呼吸急促的症状，这时我们肯定不会认为是焦虑感，我们会逐渐喜欢这种身体被激发的感觉。这是一个非常有意义的发现，它告诉我们：焦虑是一种认知上的错误解读。领导干部可以尝试利用运动来减轻焦虑症状，渐渐地随着自身运动技能水平提高，逐渐摆脱症状的折磨。不久前，研究人员发现了运动起作用的机制，生理上，运动不仅降低了肌肉的静息张力，并且切断了传向大脑的焦虑循环。生理上一旦平静下来，大脑的焦虑情绪就更少了。同时，运动还会产生有镇静作用的化学反应。

运动是应对各种焦虑形式的有效简易方法，对领导干部特别适用。那么，它是如何发挥作用的呢？一是分散我们的注意力；二是缓解我们肌肉的紧张程度；三是增加大脑的资源；四是将焦虑的生理症状与积极的行为相关联，提供不同的结果；五是变更神经回路，积极学习与以往不同的方式方法；六是提高我们的恢复能力，能有效控制焦虑；七是让人感受到自由的感觉。

3. 如何去运动

无论是患有焦虑症还是只是感到焦虑情绪，运动都是一个简单实用的好处方。运动对大脑有着惊人的影响力，基于此，领导干部都应该促使自己每天穿上运动鞋去锻炼。

第一，如果从未正式运动过，建议最好从步行开始。健身的过程就是逐步提高基础有氧能力的过程，用走楼梯代替乘电梯，把车停到远处，绕着办公楼散步，这些对工作繁忙的领导干部而言，都是锻炼身体的简便方法。步行是一种轻度运动，可以引导养成运动习惯，为后续强度的运动奠定基础。

第二，当轻度运动已经不能满足时，就可以提高到中等强度了，例如慢跑。慢跑会让身体燃烧脂肪和葡萄糖，同时这种压力会让肌肉组织产生微小的损伤，身体的细胞会处于不断的损伤和修复中。打个比方，就如同在拆除某些东西后又把它们重新组装起来，使其比以前更加牢固。

第三，高强度运动间隔进行训练，例如快跑。在进行高强度运动时，我们的身体进入到一个应急状态，身体的代谢方式也会从有氧变为无氧，肌肉进入到一种无氧状态。高强度运动鼓励我们超越自己认为的能力极限，哪怕只能坚持一会儿，就能超越自我而进入到纯净的精神状态中，会感受到自己可以战胜所有的挑战，会在过程中感受到欣快感，产生幸福愉悦的感觉。这会让人的身体和心灵都感受到强大的力量。当然，不建议从一开始就进行高强度训练，除非有牢固的有氧运动基础。

第四，瑜伽、太极拳、力量训练类运动，让大脑充满年轻活力。实话说，关于这些运动对大脑在抑郁、焦虑调控等方面的研究很少，它很难实验化。但是，力量型训练对肌肉塑造和保护关节有重要作用，瑜伽、太极拳这类运动则可以提高我们的平衡感和灵活性，有助于养成坚持运动的习惯。有研究者发现，瑜伽式的呼吸方法会减少压力并且降低焦虑水平，而太极拳会降低交感神经系统的活动。关于这些运动的有效性，很多证据都来源于个人经验，因此无法形成科学数据，这些还有待进一步研究，但不可否认的是它们的有效性。

结合领导干部的生活状态，可以将运动分为两个部分：一是包括工作、出行、家务活等日常生活中的一些体力活动，二是体育锻炼。那么，我们在运动过程中应该注意些什么呢？以下是笔者给大家的一些建议：

第一，锻炼是可以随处进行的。领导干部群体工作繁忙，经常性地端坐在办公室里和会议桌前，平时很少进行体育锻炼，更难以坚持运动。然而，我们可以利用一切可能的机会来进行锻炼，例如上下班可以多走一段路程，工作间歇时间可以做一些简单的操。总之，在繁忙的工作中将时间挤一挤，养成勤做锻炼的好习惯。

第二，运动应该循序渐进，选择适合自己的项目。如果平常不经常进行锻炼，开始运动时的活动量不应太大，运动的时间和强度都应该逐渐增加，否则身体会吃不消。另外，要明白不是所有的运动都适合自己，领导干部必须根据自身的身体条件和兴趣来选择适合的运动，这样才更有可能做到持之以恒，获得健康的身心状态。

第三，运动需要一定的强度，但并不是越大越好。《中国居民膳食指南》对健康成人提出建议：每天累计各种活动要达到 6000 步的活动量，每周相当于 4 万步。该指南认为这一运动量和强度符合正常人的健康需要，骑车、跑步、打球等运动都可以转换成这个运动量。有些人会觉得，既然一定强度的运动对我们有好处，那是否可以直接做高强度的运动呢？答案是否定的，运动强度并不是越大越好。由于每个人的体质、生活习惯、工作性质等的不同，在选择运动的时间、内容、强度等方面都会有差别。领导干部可以根据运动时的心率和感觉来判断强度是否合适，如果在运动时感到心跳和呼吸加快但却不是很吃力，只是微微出汗和喘息时，说明这个强度是适合自己的。

有统计资料表明，大约有 1/2 的人开始新的锻炼计划后，在六个月到一年内放弃，最可能的原因是人们在进行高强度运动时生理上和心理上感受到难受，之后就放弃了。因此，我们必须要坚定地迈出第一步，从低强度的运动开始，让自己动起来。之后，按照自己的锻炼计划坚持到底，可以尝试找一个健身伙伴来激励自己，也可以随着季节的变化来更改自己的运动项目。记住，快乐和健康才是运动的理由，运动一段时间就多想一想自己是否从运动的过程中收获了积极的感受，强化积极感受会让自己将运动当成生活中不可缺少的一部分，成为稳定的习惯。当然了，偶尔“偷懒”也是可以理解的，适时降低运动强度也是一种奖励，目的都是让自己更好地继续坚持锻炼。

五、内视观想懂感恩

我们接受给予，由于宽恕而得到信任，舍弃自身而走向死亡，由此得到了永生。

——特蕾莎修女

内观疗法（Naikan therapy）是由吉本伊信提出并创立的一种心理治疗方法，该疗法在不断地探索与发展过程中，在日本以及其他国家不断发展盛行起来，逐渐成为目前国内外被广泛使用的心理治疗方法之一。对于领导干部的焦虑心理，内观疗法以其特有的心理治疗机制和治疗方式，有着特别的治疗效果。

（一）内观疗法的定义

内观疗法是一种在严格设置的与外界刺激隔离的环境中，有目的、有指向的就既往的人际关系进行系统的自我回顾与反省，矫正人格及行为模式中的弱点，获得心理的净化，获得良好治疗效果的一种心理治疗方法。

（二）内观疗法的起源

内观疗法是由吉本伊信于 1937 年提出，并于 1945 年在他的导师驹谷谛信指导下创立的。吉本伊信所创立的内观疗法直接受到日本佛教净土真宗的影响，在佛教中的内观指的是观察事物的本来面目，是一种如实觉察自己身心的实相，而达到净化心灵的过程。从观察自己的呼吸开始，使心专注，而后用这种敏锐的觉知，去观察身上的感受，体验无常、苦、无我的真谛。吉本伊信努力发展内观，主要用于心理咨询与治疗，与作为禅观的内观法门有所不同，不同之处在于内观疗法需有指导人员从旁诱发进入自我反省的领域，而作为禅观的内观是每个人由他自见，不由他觉的自我超越过程。

青年时代开始，吉本伊信认为个人自信心与知识积累有关，因此开始体验探索“身调”。经过了几次挫折（前两次都是被迫进行，因无法忍受生理上的痛楚而放弃；第三次虽是自愿，但也因饥饿而放弃；直到第四次，在他 21 岁那年，终于达到目的而感到无限快乐），他终于知道在日常生活中确实有很多人想要达到佛教中所说的“领悟”，并怀着对往事不断忏悔的想法。但是，吉本伊信对此修行法只限于狭窄的宗教团体和少数人的做法感到疑惑，因而设想，若从纯粹是宗教性质的范围中摆脱出来，改变原来不眠不食的做法，就有可能采用此法达到心理治疗的目的，使一般人也可以做，就能将其推广应用，帮助更多的人。吉本伊信将原来有浓厚宗教色彩的“断食、断水、断眠”的苦行要素完全排除，改成给予正常饮食、睡眠的内省形式，这就是内观疗法的最初原型。

1943 年，吉本伊信让 28 名女工交替体验了集中一个星期的内观，这就是内观大众化的起源。1944 年，吉本伊信将内观疗法应用于森川株式会社的员工培训中，这也使内观首次获得了员工培训的经验。1954 年，吉本伊信发行小册子，封面写“反省”，附上副题“内观”，这是吉本伊信关于内观疗法的第一本著作。当时，内观的主题只有两个：“别人为我做的”和“我为别人做的”。换言之，内观初期只有两个主题。

1945—1947 年，吉本伊信在家开办集中内观实习场。1953 年他退出实业界，用所积累的资金，在大和郡山市的家里开办了内观道场（内观教育研究所，现在的大和内观研修所的前身），指导希望内观者进行内观。

1954 年，吉本伊信成为奈良少年刑务所的教诲师，将内观引入司法矫正界，这是内观普及化的开始。由于效果显著，1955 年内观教育成了矫正界有力的矫正手法，得到社会的肯定。1962 年，学校教育中也引入内观。直到 1963 年，吉本辞去教诲师工作，专心指导内观。1966 年，心理治疗界也注意到内观的效果，将内观作为心理治疗的一种方法，“内观”成为“内观疗法”。1968 年，吉本伊信将内观的主题改为现在的三个主题，增加了“给别人添的麻烦”这一主题。

内观疗法现已成为著名的心理治疗方法之一，随着内观疗法的不断发展，开启了国际化进程。1988 年，上海第二医科大学王祖承教授将内观疗法引入中国。

（三）内观疗法的心理机制

1. 自我发现

自我发现（自我洞察）是通过回顾自己历来在人际关系中的所作所为存在的问题并予以彻底反省，从而比较自己对他人的冲撞和他人对自己的慈爱这两者之间的差异和原因，不断洞察自我的存在和他人的关系。通过洞察，找出自己和他人人际关系中好的一面，也就是说，对于自己在人际关系中所做的事，站在对方的角度看，不断交流并进行自我洞察和自我分析，以纠正个人在人际交往中的不良态度，改善自己的人格特征。

内观疗法不是追问过去的过失，而是对自我进行观察、思考，站在对方的角度看自己过去的所作所为，发现内心深处的自我和自己曾经所熟悉的自我是那样的不同，这时自我开始转换并产生飞跃，认识到过去的错误，彻底否定过去的自我，产生新的自我，体验到他人深切的爱，将以自我为中心的、利己的、对他人仇恨的心理转变成诚恳的、谦虚的心理状态，使人们从焦虑、不满、对抗的情绪状态转变到愉快、诚恳、对他人有发自内心感谢的心理状态中去。按年代顺序进行回忆，对能回想起来的具体事件，站在对方的立场上来进行观察和分析，并做自我谴责。通过这个治疗过程，能促使自我与他人之间产生共鸣，在情感上取得协调，增强其社会责任感，从而改变心理活动中的不良状态。

内观疗法促使内观者形成站在对方的立场上去思考的思维方式，逐渐挖掘出内心深处被遗忘的东西，并通过亲人无私的爱来感化内观者，促使内观者对自己的人生进行重新评价和审视，获得客观地看待自我的能力，达到自我调节、自我认识的目的。

2. 爱的发现

无论是否满足个人的需求，我们只要活着，就会与其他人互动，就会产生给予与接受的行为。亲人、朋友之间的给予与接受建立在亲情和友情的基础上，而亲情和友情产生的根源是爱。每个人都有爱的能力，只是有时候需要有人引导和开发。内观疗法正是引导内观者对给予与接受进行彻底的审察，进而感受、体会爱的需求，看到被爱的事实。

在内观中感受爱最强烈的，莫过于发现“别人为我给予，而我却对别人造成伤害，尽管如此，别人仍然会宽恕我”。换言之，“自我牺牲”的宽恕才是人类最高的爱，因此，爱的发现，是内观疗法发挥疗效的根源。

内观疗法用最巧妙的切入点——别人为我做的那些事，引导内观者回忆被爱的事实。而这些只是内观过程的起步阶段：注意到别人为我所做的一切努力和包容，我却一次又一次地用伤害他们来回报；或者是看到我所抱怨的事实的真相，并不是我以前所认为的那样。一旦发现这些被遗忘的爱，内观者的内心就会产生很大的震撼。一旦人的内心产生了触动，内在的正能量被激发，焦虑情绪会自然地化解。

3. 罪恶的意识与接纳

内观疗法的罪恶感和一般所定义的罪恶感并不相同，一般认为，罪恶感是来自防卫的罪恶感或者是对他人加诸自己的束缚表示不满。而内观疗法则认为罪恶感是来自“自私”，也就是所谓的“我执”。吉本伊信说，内观的目的在于祛除“我执”。要祛除“我执”，在内观上需要先察觉自己的“我执”，如果以内观的自我省察三个观点来说，就是要察觉到自己得到别人的恩惠太多，却一直未注意到，不但未感恩图报，反而带给别人太多的麻烦，自己的自我本位、放任、傲慢、匮乏体贴心是这些罪恶的根源。

罪恶感的察觉在焦虑等负性情绪的心理治疗上有何意义呢？这是内观疗法非常重要的一点。从心理治疗的观点可以归纳为以下几点：一是可以祛除拒绝改变的心态。接受心理治疗者同时有两种心理，一为企求改变的需求，一为害怕改变的心理。当因内观而察觉并直接面对自己的丑陋与脆弱，抗拒改变的心理也会随之迅速消失。二是可以使对别人的恨意与不满消失。敌意与不满的心理往往是由总是认为自己是对的，自己是被害的，自己有权利要求对方的心态所导致的。因此，一旦了解自己是错的，自己是个加害者，自己太任性，则怨恨与不满将无存在的理由。不仅如此，还会对别人的温馨、恩惠产生感谢与喜悦的念头。三是可以放弃虚伪的面具，寻回真正的自我。一旦对自己的丑陋有正确的认识之后，就能平心静气地接纳自己及别人。

4. 同理心与共同意识的建立

内观疗法除了要求去察觉个人的罪恶，同时也强调同理心与共同意识的建立。当对自己很亲近的人说出感谢的意思时，我们常回应“别见外”，可见我们把自己和他人的关系分为和我自己一样的亲人（包括亲近的人）与陌生人，关系越亲近，就越像自己的亲人那样看待。“亲人”意识并非固定的，内观者发现过去自己认为“亲人”与“自己”是一体的感觉原来是单向的、不切实际的想法，于是把“亲人”和“自己”分开来，当作一个陌生人去观察，即把别人当作一个独立的人格去看、去回想他们所施予的爱与关怀。换言之，内观疗法是要打破过去模糊不清、未分化的人我一体的感觉。随着内观的深入，人际关系也会变得越来越明确而有分寸。

人本主义的咨询理论强调同理心的重要性，内观疗法强调的也是同理心。当内观者在进行内观的过程中始终无法摆脱自我中心的时候，咨询师会指示他思考：“对方做这件事情的时候，对方的心情如何?”“你这样做，对方会有怎样的感受?”因此，随着内观的深入，内观者越容易发现过去太固执己见的自己，于是会尽量从共鸣的立场去了解对方。“共鸣的了解”

就是站在对方的立场去看，此即同理心。同理心是共同意识的基础，共同意识即自己和别人的连带感。人的存在是透过共鸣的过去产生连带感，一旦失去连带感就会产生空虚与孤独的疏离感。总之，从内观疗法的观点去看，内观带动以爱为基础的同理心，使内观者与他人产生连带意识，最后克服存在的空虚与孤独，化解人的内在焦虑。

（四）内观的方法

1．集中内观

集中内观是内观疗法中最常使用的内观治疗形式，治疗时间集中，治疗效果最好。集中内观一般设定为一个星期，在这期间的作息为早晨5时起床，晚上9时就寝，起床后到就寝之前坐在屏风内采取轻松的坐姿持续进行内观。内观咨询师每隔1.5～2小时左右对内观者进行面接，每次3～5分钟，指导内容为要点性地询问一下刚才一段时间内观的内容，然后予以适当鼓励，再指导下一步内观的内容，使内观者有一个明确的方向。

集中内观的具体形式有以下几点：

第一，场地的布置：在安静的房间内的一角设置屏风，将内观者安排在屏风内，除了上厕所及洗澡以外，内观者都安静地待在屏风内，吃饭也在屏风内进行。屏风不仅把内观者与外界隔开，也起到保护内观者的作用，把内观者从吃饭到洗澡等一切的日常生活中解脱出来，在屏风内只是专心地观察自己。

第二，行动的限制：内观者在屏风内可以采用任意舒适的坐姿。原则上讲，内观必须在屏风内进行，在面谈时以及向内观咨询师报告时必须正坐，面谈结束后可以采用其他任意舒适的坐姿。内观时一定要保持安静，不能使用手机或其他通信工具，与外界的联系要完全隔断。睡觉时将屏风收起，就地铺好垫子和被褥。处于一个房间内的内观者禁止交谈。

第三，时间的设置：集中内观一般是一周的时间，每天起床洗漱时间为早上 5 时至 6 时，熄灯时间为晚上 9 时。面谈应由内观咨询师到屏风前进行，时间间隔 1.5 ~2 小时。一次面谈时间的长短根据内观者当时的情况而定，一般控制在 5 分钟左右。一天面谈 8 ~9 次。一日三餐由内观咨询师送到屏风前，让内观者可以珍惜在内观期间的分分秒秒。

第四，内观的内容：内观者在内观全程紧紧围绕三个主题对自己的生活经历反复进行回忆，即“别人为我所做的”“我为别人所做的”“我给别人带来麻烦的”。主题根据对象的不同而设定，如果内观对象是母亲，就从“母亲为我所做的”“我为母亲所做的”“我给母亲带来麻烦的”这三个内容进行内观，内观对象可以设定为生命中重要的亲人、朋友等。

2. 分散内观（日常内观）

分散内观是内观疗法中较常使用的内观治疗形式，治疗效率高，效果较好。每周 1 ~2 次，也可以每天 1 次，每次 30 分钟，场所不限，方法顺序和集中内观一样，依序对生命中最重要的亲人、朋友等，依生命的时间轴进行内观。也可以对每天所接触的人进行内观，以改善人际关系。例如，围绕今天“别人为我所做的”“我为别人所做的”“我给别人带来麻烦的”三个主题进行内观，以最近发生的事为主，继续集中内观的做法，用于集中内观后的维持治疗。

3. 记录内观

以每天写日记的方式进行内观，方式同分散内观，内容是依序对周围的人依生命的时间轴进行内观，或对每天接触的人进行内观；然后定期和内观咨询师进行内观报告。一般而言，最好在集中内观的基础上再进行分散内观或记录内观。

4. 通信内观

用通信的方式进行内观。针对时间不容许、两地距离太远的内观者，可以用通信的方式进行内观治疗，最好在有了集中内观的基础后进行。将每天的内观内容收集起来进行整理，用通信的方式请内观咨询师给予指导。内容同日常内观，依序对周围的人依生命的时间轴进行内观，或对每天接触的人进行内观。

5. 渐进内观

实施内观疗法，拘束性的强弱对治疗效果有影响，因为吉本模式的内观疗法拘束性太强，实施起来较困难，于是就产生了“渐进内观”。所谓“渐进内观”是指随着内观的过程增加每天的内观时间，逐渐增强整体的拘束性，这种改良式内观疗法不但容易导入，治疗效果也相当理想。

六、正念练习促成长

正念并不是摆脱什么东西，也不是让这些感受压根儿不存在。相反，我们培养情绪状态的正念，其背后的意图是去学习一种不会被烦恼束缚又能与之和平相处的方法。

——马克·威廉姆斯《改善情绪的正念疗法》

正念不仅能够为生活中不可避免的痛苦提供自我疗愈的途

径，而且对调适领导干部的焦虑情绪、缓解领导干部的职业压力、抚平心理创伤、提升社交技巧、改善亲密关系都有很大的帮助。在心理学专业治疗过程中，越来越多的心理咨询师会把这个很好的练习方式教给来访者，协助他们带着好奇、不评价、慈悲心去理解那些产生痛苦的根源，帮助他们获得更多的力量和改变。另外，正念也已经为越来越多人带来身心皆宜的效果，修习正念会让人找回自我、追随自我、认识自我，让自己变得更加快乐、平和、智慧，使自己对每一刻的生命更有察觉并做出更加智慧的选择。

（一）何为正念疗法

社会经济等方面的高速发展使人们的压力水平日益增加，也给人们带来了更多的紧张、焦虑等负性情绪问题，如何更好地减轻压力、提升心理健康水平成为当前社会的重要议题。在当下有意地、非评判地、如实留心事物而出现的觉知，就是正念。它的提出者乔·卡巴金（Jon Kabat－Zinn）是美国麻省大学医学院荣誉教授，他毕生致力于将正念引入主流医疗界。因为工作之便，卡巴金得以近距离体察世间疾苦，他看到医院像磁铁一样，吸附大量身心痛苦的人们，而医院至多只能对“症”下药，对“心”却往往无药可医，因为病人身心整体状况远较其疾病本身复杂得多。他认为“心”既然对“身”有着主导的力量，可以病之，可以愈之，为什么不将医院转化为正念教室，以补主流医疗体系之不足呢？人们不但可以学到自我疗愈的能力，也会认识到健康其实是自己无可推诿的责任，更可将当今医疗体系走入歧途的“疾病照顾”导向还原成“健康照顾”导向，于是他在该院创办正念减压诊所即“医疗、健康照顾与社会之正念应用”中心。目前，正念干预，如正念减压和正念认知疗法等，受到越来越多国内外研究者的关注。“正念”的概念在1980年首次引进心理治疗领域，之后正念疗法逐渐成为西方国家当代新兴的热门心理治疗方法。近几年正念疗法被引入中国并逐渐流行，其核心在于让个体有意识地觉察、将注意力集中于当下，而且对当下的一切感受都不做评判。①

正念疗法虽然发源于2500年前的东方，但自从20世纪70年代被西方的心理学者引入西方后被应用于各个领域，帮助很多人解决了情绪压力所带来的各种问题和身心疾病，医疗界也发现正念对慢性病、疼痛以及分娩等所带来的种种益处；许多中小学也将正念练习作为必修课，除了开设各学龄阶段的正念课程以帮助学生提升专注力和情绪管理能力，也让越来越多的老师和家长学习正念养育，培养自己和孩子的正念力，甚至西方有些大学的大学生在上课前进行正念练习来调整自己学习状态从而提升学习的效率；硅谷的企业界也会将正念作为领导力的培养方式，以便能够更好地做出准确的决策。可以说，目前已经在全世界发展出了一场正念的革命和浪潮，正念在不断应用的过程中让更多的人受益，帮助人们找到自己内心真正的和谐与幸福。

（二）正念如何看待焦虑

每个人从形成生命的那一刻起，就与焦虑情绪结下了不解之缘，最初的焦虑来自所处环境带给我们的影响，当然也有在

---

① Jon Kabat－Zinn，Mindfulness－based interventions in context past present and future. Clinical Psychology：Science and Practice，2003，10（2）：144－156.

母体中母亲的情绪变化所带给我们的影响，这让我们感到安全或是不安全，当父母对我们有所期待和设定时，比如希望我们是男孩或是女孩，这种期待也在无意识中产生焦虑的情绪。当我们出生时，父母给我们所起的名字，是对望子成龙、望女成凤的美好期待，我们要为了父母的期望而不懈地努力。我们所处的生活环境充满了担心和恐惧，担心考不好，担心上不了好学校，担心找不到好工作，担心与爱人不能白头偕老，担心自己和家人的健康，等等，因为焦虑和担心，我们需要获得更多的财富，需要占有更多的物质，需要得到认可和尊重。而这一切无不来自我们的认知，也就是我们的想法，我们的念头，而这些想法和念头就会让我们产生种种情绪，情绪又会引起身体的反应和种种的行为方式。情绪会影响到我们的身心健康，行为也会形成习惯和模式，所以我们只能在这样的一种循环中往复而不能自拔。

（三）正念疗法对焦虑情绪的影响

没有人能强迫自己或说服自己放弃某种情绪，但是，我们可以从一种情绪中转变状态，或是减少情绪对我们影响的程度。正念疗法给我们提供了一个解决之道，正念练习是让我们平静地对待挥之不去的小情绪，通过对身体的观察可以帮助我们看到情绪，通过对感受的观察帮助我们看到因好恶而产生的反应，通过对心念的观察让我们看到心灵舞台上的演员——我们的念头在不知疲倦地演出，通过对规律的观察让我们看到一切都是在不断地发生、发展和变化的。正念就是对此时此刻身心行为当下所处状态不带有评判的觉察，通过这种觉察让我们认清身、受、心、法的种种反应和无常变化，会发现没有什么是可以抓得住的，而我们把这些本不属于自己的东西当成是自己的，并产生执着的时候，焦虑和恐惧就会应运而生。反之，当我们以正念对我们的想法和情绪加以关注，我们就会从这些虚幻的念头和情绪中得以解放。我们通过觉知会发现：让我们焦虑和担心的不是外在的人或事，而是我们内在的想法和情绪带给我们的影响，当我们清晰地表示出这些想法和情绪的时候，这些想法和情绪将被不加评判地全然接受，他们的力量会逐渐减弱，对我们产生的影响也就相应地减轻了，这就是正念疗法为什么可以帮助我们管理情绪以及减少负面情绪对我们产生影响的原理。现实中也有研究表明，正念训练可以显著降低个体的负性情绪，特别是焦虑抑郁情绪显著减少。正念练习可以重新建立起人与自己、与他人、与整个外部环境的联系，正视自己的问题，重拾积极心态。

（四）领导干部如何使用正念疗法管理焦虑

前文已经介绍过，对抗焦虑中最有效最简单的方式就是放松训练，而在放松训练中最简单的就是呼吸训练。大道至简，越简单越高明。我们可以离开任何人，但我们离不开呼吸，呼吸是一位伴随我们终生的伙伴，对我们始终不离不弃，但我们对这位最忠诚的伙伴却少有关注，正念的练习可以从关注每一次的呼吸开始。正念练习第一步就是驾驭呼吸。当我们把觉知放在每一次呼气和吸气时，我们的心也会渐渐从对未来的想法和情绪中回到当下，当身心合一时，我们的心才会变得专注、放松和平静。呼吸训练看似简单，但是如果没有经过专门的呼吸训练，大多数人对自我呼吸模式是陌生的，正念练习的入门练习就是对呼吸基本模式的认知。呼吸的不同模式，打个最简单的比方，就好像驾驶手动挡汽车的不同的挡位相似。当遇到路况不好的时候，车子往往无法挂高挡行驶，走走停停，耗油费神。同样的道理，当我们的内在意识处于不安时，就如同行驶在不良的路况上，呼吸无法深入，徘徊在低挡位耗血费神。反之，内在意识安宁时，呼吸就可以深入而通畅。

正念练习第二步是训练注意力。我们可以试着把意识集中在单一刺激之上，刺激可能是听觉上的，如钟的滴答声、鸣响的锣声、重复的音节。刺激也可能是视觉上的，如集中注意力观看蜡烛的火焰、某个物体或地板上的某个污点。在这种类型的练习中，人们很容易觉察到自己的思想游离了。另一种正念练习是让人将注意力集中在环境上，并观察景物、声音、气味和质地。例如，某人可能在公园里散步，并注意自己的所思所想。但需要注意的是，此人没有试着去改变或评价自己的思维和情感。他让思维处于很放松的状态，只是很自然地将自己与环境融于一体，这就是正念练习。贴标签也是正念疗法中常用的技术，就是对我们的想法、情绪和身心状况保持觉知，对心灵舞台上所发生的一切了了分明并给予标示，比如当在正念中听到任何的声音，只要标示“声音声音”；当在正念中发现有任何想法时，只要标示“念头念头”；当在正念中感受到出现着急的情绪时，可以标示“紧张紧张”等词，当我们给所有发生的一切贴上了一个标签，就等于我们将种种想法、情绪和反应打成了一个包裹并放置在那里，仅仅是个被放置在那里的包裹，又能对我们怎样呢？

正念练习第三步是训练感知力。我们的思维常常阻碍了正念练习的效果，这导致练习者一开始时常会对正念练习感到迷惑。通常他们会努力地想要去感觉到某种特别的事物，或强迫自己不去感觉任何事物；他们也会努力思考自己正关注的事物，或者强迫自己不去思考。他们常常执着于“思考”正念练习时的一些规矩和原则，从而忽略了感知力的培养。正念练习就是要让我们直接体验当下，避免因为多余的思考而干扰了正念。我们可以从最简单的吃开始练习。其实，进食可以视为一种神奇的能量转化的仪式，因此，不管我们吃的是什么，每天至少要进行一次这样的仪式，食用的过程尽可能地从容不迫，深刻地、缓慢地、全身心地体验吃这个过程。尝试在食物面前坐下，闭上眼睛片刻，放松，做一会儿深呼吸。默默地感谢所有提供这份食物的人们，包括为它此时出现在自己眼前而付出的人们。随后睁开眼睛，好好看看它是什么样子，轻嗅它的气味。食用时，在心中告诉自己，这份食物正被转化成为自己所需要的生命能量，想象自己吃了这份食物后变得更健康、更美丽了。相信，在这样的正念练习之后，焦虑情绪一定会逐步缓解。正念疗法还有很多的技术，通过练习让我们学会面对这些焦虑情绪和引起这些焦虑情绪的想法，更重要的是帮助我们培养起觉知力和专注力，让我们时刻都处于当下的状态，也就是身心合一的状态，他可以让我们找回久违的祥和和宁静。

正念不仅仅是一种技术，更是一种生活态度，它教给我们不作评判、一次一事、带着初心、活在当下和全然地接受等，并培养出尊重、理解、开放、慈悲和智慧等生命品质，从而修通我们的心与境的关系，不对抗也不逃避，直面生命的苦乐忧悲喜舍。如果我们的想法和情绪像波涛起伏的大海，而正念就像是一个冲浪板，虽然我们无法遏制海浪，但至少我们可以学会冲浪。

学会以上六种科学应对焦虑的方式，能有效舒缓领导干部的焦虑情绪，克服由此带来的心理枯竭、职业倦怠和身心疲惫等问题，对于促进领导干部心理健康，提高其行政绩效、生命质量，促进家庭稳定和社会和谐有重要的现实意义。

参考文献

1. 郭玉琴：《领导干部的焦虑情绪及其心理干预》，《领导科学》2011 年第 26 期。

2. 曹宏伟：《县区基层干部职业焦虑及化解策略》，《领导科学》2014 年第 1 期。

3. 夏磊：《基层干部“焦虑症”诱发因素及防治路径》，《领导科学》2014 年第 28 期。

4. 卜泰来、马洪林：《辽宁省乡镇干部职业紧张、心理资本和工作绩效的关系》，《中国卫生统计》2017 年第 1 期。

5. 白玉：《干部的心理焦虑及其干预路径》，《领导科学》2013 年第 6 期。

6. 苗建明、霍国庆：《领导力五力模型研究》，《领导科学》2006 年第 9 期。

7. 中共中央马克思恩格斯列宁斯大林著作编译局编译：《马克思恩格斯选集》（第 1 卷），北京：人民出版社，1995 年版。

8. 陈坚、王东宇：《存在焦虑的研究述评》，《心理科学进展》2009 年第 1 期。

9. 贾东明、钱世军、潘云清、谢文：《生物反馈疗法对64名强制隔离戒毒人员的随机对照试验》，《中国药物滥用防治杂志》2015年第1期。

10. 彭聃龄：《普通心理学》，北京：北京师范大学出版社，2012年版。

11. 唐海波，邝春霞：《焦虑理论研究综述》，中国临床心理学杂志，2009年第2期。

12. 张玥：《大五人格、职业决策自我效能感与职业决策困难的关系研究》，吉林大学2016年硕士学位论文。

13. 李启明、陈志霞：《大五人格5个维度及10个面的发展水平——基于我国15～75岁横断样本调查》，《心理科学》2015年第1期。

14. 毋嫘、林冰心：《高特质焦虑个体对负性情绪信息注意偏向的机制探讨》，《中国临床心理学杂志》2016年第6期。

15. 吴才智、荣硕、朱芳婷、谌燕、郭永玉：《基本心理需要及其满足》，《心理科学进展》2018年第6期。

16. 古若雷、施媛媛、杨璟、石晶、蔡华俭：《焦虑对社会决策行为的影响》，《心理科学进展》2015年第4期。

17. 古若雷、罗跃嘉：《焦虑情绪对决策的影响》，《心理科学进展》2008年第4期。

18. 任志洪、赖丽足、余香莲、李松蔚、阮怡君、赵陵波：《焦虑障碍的认知偏向矫正元分析：效果量、影响因素及中介检验》，《心理科学进展》2008年第11期。

19. 刘贤臣、唐茂芹、陈琨、胡蕾、王爱祯、吴宏新：《焦虑自评量表的因子分析》，《山东医科大学学报》1995年第4期。

20. 刘冰茜、李雪冰：《解释偏向矫正：“自下而上”地改变社交焦虑个体的解释偏向》，《心理科学进展》2018 年第 5 期。

21. 徐芳芳：《高特质焦虑的注意偏向研究》，《牡丹江教育学院学报》2010 年第 5 期。

22. 刘东杰、张长立：《领导干部人际关系冲突的化解之道》，《领导科学》2013 年第 5 期。

23. 刘忱：《领导干部中的“圈子文化”及其破解之道》，《领导科学》2019 年第 2 期。

24. 伊翠莹、王鹏、王赛男、陈雷、高峰强：《中学领导干部人格特质、自我效能感与领导方式的关系研究》，《当代科学教育》2007 年第 7 期。

25. 夏明：《领导效能理论探讨》，《广西社会科学》2001 年第 5 期。

26. 张飞、彭品贺：《年轻领导干部权威焦虑及化解之策》，《领导科学》2014 年第 2 期。

27. 阳德华：《青年焦虑情绪研究述评》，《四川师范学院学报》2002 年第 9 期。

28. 周雅：《情绪唤起对执行功能的作用》，《心理科学进展》2013 年第 7 期。

29. 王妍、杨娟：《人格特质对个体心理性应急反应的调节作用》，《心理科学进展》2015 年第 8 期。

30. 袁晓明：《特质焦虑对决策的影响：期望的作用机制》，内蒙古师范大学 2015 年硕士学位论文。

31. 李焰、李祚：《特质焦虑与某些人格因素的关系》，《中国心理卫生杂志》1998 年第 2 期。

32. 张娅玲：《特质性焦虑与状态性焦虑对决策信心的影响》，西南大学2013年硕士学位论文。

33. 谭乐、宋合义、富萍萍：《西方领导者特质与领导效能研究综述与展望》，《外国经济与管理》2010第2期。

34. 高荣、胡晓明：《政治新常态下基层领导干部的政绩焦虑、迷惘及对策思考》，《领导科学》2015年第10期。

35. 徐会奇、李小娜：《职场焦虑的研究述评及未来展望》，《中外管理》2019年第2期。

36. 刘文、张靖宇、于增艳、高爽：《焦虑、抑郁与消极认知情绪调节策略关系的元分析》，《中国临床心理学杂志》2018年第26期。

37. Hilary L. Bekker , France Legare , Dawn Stacey , Annette O'Connor, Louise Lemyre. Is anxiety a suitable measure of decision aid effectiveness: a systematic review. Patient Education and Counseling, 2003年版。

38. Norman S. Endler, Nancy L. Kocovski. State and trait anxiety revisted. Anxiety Disorders, 2001年版。

39. ［美］詹姆斯·库泽斯、巴里·波斯纳著，李丽林、杨振东译：《领导力》，北京：电子工业出版社，2004年版。

40. ［美］艾德蒙·伯恩著，邹枝玲等译：《心理医生为什么没有告诉我》，重庆：重庆大学出版社，2009年版。

41. ［日］山下英子著，王珊译：《断舍离（心灵篇）》，广西：广西科学技术出版社，2014年版。

42. ［英］约翰尼·罗斯著，关芊蔚、张铭译：《焦虑——克服焦虑，五种不为人知的自然方式》，浙江：浙江出版集团数字传媒有限公司，2018年版。

43. ［澳］贝芙·艾斯贝著，李雪云译：《焦虑急救》，北京：北京联合出版公司，2019 年版。

44. 钱铭怡：《焦虑是件正常的事》，北京：北京大学出版社，2016 年版。

45. 陈东城：《焦虑心理学》，北京：中央编译出版社，2017 年版。

46. ［美］阿尔伯特·埃利斯著，李卫娟译：《控制焦虑》，北京：机械工业出版社，2014 年版。

47. 高原：《你为什么总焦虑?》，江苏：江苏文艺出版社，2013 年版。

48. ［美］克里斯多夫·柯特曼、哈洛·辛尼斯基、劳里·安·奥康娜著，李春花译：《如何才能不焦虑》，北京：北京联合出版公司，2017 年版。

49. ［英］马克·克洛普利著，牟微微译：《如何才能没有压力：遇见内心平衡的自己》，北京：中国友谊出版公司，2017 年版。

50. ［美］罗伯特·L·莱希著，肖亭译：《我焦虑得头发都掉了》，北京：中国友谊出版公司，2016 年版。

51. ［美］戴尔·沃勒著，姚欣悦译：《应对每天的压力：知道这些就够了》，浙江：浙江出版集团数字传媒有限公司，2016 年版。

52. 王永军、范志红：《营养专家谈健康饮食》，北京：中国轻工业出版社，2010 年版。

53. ［美］约翰·瑞迪、埃里克·哈格曼著，浦溶译：《运动改造大脑》，浙江：浙江人民出版社，2013 年版。

54. 苏静：《知日·断舍离》，北京：中信出版社，2013

年版。

55. ［美］凯利·麦格尼格尔著，王鹏程译：《自控力：和压力做朋友》，北京：北京联合出版公司，2017 年版。

56. ［日］山下英子著，吴倩译：《断舍离》，广西：广西科学技术出版社，2009 年版。

57. 柳毅、王苏湘：《内观：戒瘾之道》，江苏：苏州大学出版社，2017 年版。

后　记

一轮春暖金秋的刻苦学习，一轮寒冬酷暑的严谨实践，我在工作之余每天用两个小时的时间逐步构思、撰写，完成了这本人生中的重要作品。我要特别感谢自己的恩师——中央党校（国家行政学院）党的建设教研部党的领导与领导科学教研室主任胡月星教授的信任，给予我这么一位深深扎根基层的专业工作者一个机会，能和各位专家同仁一同为新时代领导干部心理能力建设出一份力。感谢恩师在我写书过程中的耐心指导和细心点拨，帮助我把领导科学的理论功底和心理咨询实践特长相结合，展示出自己的专业素养和成果，领略干部心理健康领域的灿烂世界，为领导干部科学化解内心焦虑提供专业的指导。

我要感谢司法部戒毒管理局、江苏省司法厅、江苏省戒毒管理局和江苏省太湖强制隔离戒毒所党委对我的关怀、培养。正是因为各级领导对新时代干部心理能力建设的重视，为我和团队搭建了一个良好的平台，从精神、物质上一直支持我在专业上的研究和探索。

我要感谢写书过程中，给予我极大帮助的苏州大学黄辛隐教授、苏州经贸职业技术学院李爱娟副教授等专家、学者对我的悉心指导。与许多同行朋友的合作交流也给我莫大的帮助：

袁书杰博士、李朝波博士、赵曾臻博士，在此向他们表示真诚的感谢！

我也要感谢我的团队、我的战友，没有你们的配合和支持，我无法完成这个挑战。特别致谢团队成员王苏湘女士、牛溪溪女士，专业同仁李运军老师、王荣超先生、王慧嘉女士，感谢你们帮我一起分担工作、查找资料、文献分析和校对文稿，正是你们的积极付出和无私奉献，促成了这本书的顺利完成，精彩因你们而存在。因为我们都秉持了对心理事业不懈追求的“专业”初心，以无限的热爱和执着的信念，用专业知识和力量帮助需要的人摆脱心理痛苦。

本书的顺利完成还得益于自己过去在心理学学科积淀的背景知识，得益于13 年来扎根基层提供的专业心理服务工作，也得益于多年来坚持从事专业社会公益事业的实践积累，才有信心对领导干部化解内心焦虑的课题给予专业解读。希望这本书能够给读者带来一些启发。这本书作为个人专业历程的新起点，会不断鞭策和激励着我，积极为领导干部心理健康的研究事业尽一份绵薄之力。因在写作过程中参考引用了一些论著、文献资料和心理测评量表，在此也向作者们、译者们表示诚挚的谢意！最后，广东人民出版社的平台搭建给了我思维分享的良机，编辑伍茗欣女士为本书的出版付出了大量的心血，在此表示衷心的感谢！

由于本人水平能力有限，难免有错漏之处，恳请各位专家、同仁和读者朋友不吝批评指正。

柳 毅

2020 年 11 月 15 日于苏州太湖